# World Architecture

Vol.2

*Latin America*

第 2 卷

# 拉丁美洲

总 主 编：【美】K. 弗兰姆普敦
副总主编：张钦楠
本卷主编：【阿根廷】J. 格鲁斯堡

# 20 世纪
# 世界建筑精品
# 1000 件

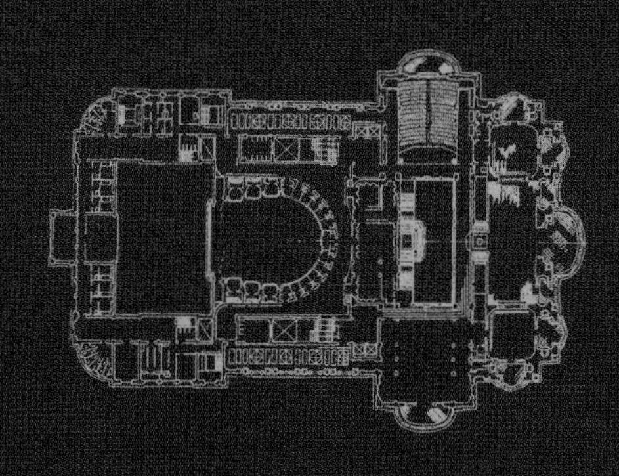

生活·讀書·新知 三联书店

# 20 世纪世界建筑精品 1000 件
# （1900—1999）

**总主编：** K. 弗兰姆普敦

**副总主编：** 张钦楠

# 目 录

## 1900—1919

1920—1939

1940—1959

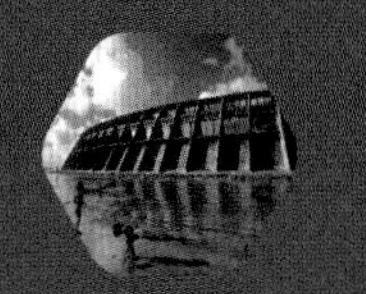

1960—1979

1980—1999

# 总导言

总主编

K. 弗兰姆普敦

## 分区与提名的方法

K. 弗兰姆普敦
（Kenneth Frampton）
美国哥伦比亚大学建筑、规划、文物保护研究生院的威尔讲座教授。他是许多著名建筑理论的开创者和历史性著作的作者，其著作包括：*Modern Architecture: A Critical History* (London: Thames and Hudson, 1980, 1985, 1992, 2007) 和 *Studies in Tectonic Culture: The Poetics of Construction in Nineteenth and Twentieth Century Architecture*, edited by John Cava(Cambridge: MIT Press, 1995, 1996, 2001) 等。

难以想象有比试图对20世纪整个时期内遍布全球的建筑创作做一次批判性的剖析更为不明智的事了。这一看似胆大妄为之举，并不由于我们把世界切成十个巨大而多彩的地域——每个地域各占大片陆地，在社会、经济和技术发展的时间表和政治历史上各不相同——而稍为减轻。

可以证明，此项看似堂吉诃德式之举实为有理的一个因素是中华人民共和国的崛起。作为一个快速现代化的国家，多种迹象表明它不久将成为世界最大的后工业社会。这种崛起促使中国的出版机构为配合国际建筑师协会（UIA）于1999年6月在北京举行20世纪最后一次大会而宣布此项出版计划。

尽管此项百年评介之举的背后有着多种动机，做出编辑一套世界规模的精品集锦的决定可能最终出自两个因素：一是感到有必要把中国投入世界范围关于建筑学未来的辩论之中；二是以20世纪初外国建筑师来到上海为开端，经历了一个世纪多种多样又反反复复的折中主义之后，中国有重新振兴自己建筑文化的愿望。

在把世界划分为十个洲级地域后，我们的方法是为每一地域选择100项均衡分布在20世纪的典范建筑。原本的目标是每20年选20项，每一地域选100项重要作品，全球整个世纪选1000项。然而，由于在20世纪头25年内各国的现代化进程不同，在有的情况下需要把前20年的份额让出一半左右给后来的80年，从而承认当“现代时期”逐步降临时世界各地技术经济发展初始速度的差异。

十个洲级地域的划分如下：1.北美（加拿大和美国），2.中、南美（拉丁美洲），3.北欧、中欧、东欧（除地中海地区和俄罗斯以外的欧洲），4.环地中海地区，5.中东、近东，6.中、南非洲，7.俄罗斯－苏联－独联体，8.南亚（印度、巴基斯坦、孟加拉国等），9.东亚（中国、日本、朝鲜、韩国等），10.东南亚和大洋洲（包括澳大利亚、新西兰、塔斯马尼亚和其他太平洋岛屿）。

这一划分一旦取得一致，接下来就是为每一卷确定一位主编，其任务是监督建筑作品选择过程并撰写一篇综合评论，对本地区的建筑设计做一综述。这篇综合评论的目的除了作为对本地区建筑文化演变的总览之外，还期望对在评选过程中由于意见不同、疏忽或偶然原因而难以避免的失衡做些补救。评选由每卷聘请的五名至九名评论员进行，他们是建筑评论家或历史学家，每人提名100项典范作品，由主编进行综合后最后通过投票确定。

我个人的贡献可以视为在更广泛的范围内对这种人为的地理分割和其他由于这一程序所必然产生的问题

进行补救。然而，在进一步论述之前，我必须说一下在总的现代化过程中出现的有争议的现代建筑和似传统建筑之间的区别。后者承认现代化，但主张以某种措施考虑文化延续性和抵抗性，因此被视为“反动的”。这样，人们会发现各卷之间选择的项目在性质和组成上有甚大的不同，不论是在设计思想上，还是在表达时代的技术和社会特征方面。

在这传统和创新的演示之外，另一个波动是更难解释的同一时间和地点发生的不同建筑表达模式，它们不仅在强度上不同，而且作为一种文化势力或运动的存在时间也大相径庭。为了说明这种变化，我们可以芝加哥的草原风格为例。它从1871年的大火到1915年赖特设计的米德韦花园（Midway Gardens），是连续发展的，但其后这一地方性运动就失去了其劲头和方向；与此相反的是南加州家居发展的长得多的轨迹，它从1910年I. 吉尔设计的道奇住宅开始，到60年代洛杉矶的最后一座案例研究住宅为止，佳作延绵不断。同样，我们可以提到德国在1905年至1933年间特别丰产的时期，以及芬兰、捷克斯洛伐克同一时期的状况，其发展一直延续到第二次世界大战之前。人们也可注意到：这两个国家对激进现代建筑的培育离不开国家作为进步现代力量的概念。类似的意识形态上的民族文化轨迹在斯堪的纳维亚国家和荷兰的特定时期也可看到。

我们还可以看到与结构工程学相关的文化如何因时因地变化，在某个国家其技术潜力和优雅可塑达到特别高超的程度，而另一国家尽管掌握其普遍原理，却逊色甚多。于是，在1918年至1939年间的法国、瑞士、意大利、捷克斯洛伐克和西班牙可见到真正出色的结构工程文化，尤其是在钢筋混凝土领域，而英美国家在同一时期内却只有最实用主义的构筑形式。在英国，唯一的例外是工程师E. O. 威廉斯的工厂建筑和丹麦流亡工程师O. 阿鲁普的作品。在美国，混凝土领域的例外案例是巨大的水坝，特别是在田纳西河流域管理局以及在科罗拉多建造的巨石坝。

当然，在世界范围内，技术经济发展的速度是大为不同的，至今，还有前工业文化，乃至前农业、游牧、部落文化以这样那样的方式生存下来。同时，有组织的建筑产业连同建筑师职业实践在许多国家仅仅是第二次世界大战以后的事。这种前建筑师的建造文化，B. 鲁道夫斯基在他1963年出版的书中用了“没有建筑师的建筑”这一标题。今日在所谓“第三世界”中却出现了扭曲的反响，这里的许多大城市周围出现了自发移民的集合，自占的土地，没有足够的基础设施，也就是无水、无电、无污水处理等为人类密集居住场所保证健康生存所必需之物。对此，我们得承认一个严峻的事实，这就是即使在像美国这样的发达国家，每年建造量不足20%的部分才是由职业建筑师所设计的。

# 综合评论

本卷主编
J. 格鲁斯堡

## 拉丁美洲的建筑

一

这可以说是一件颇具征兆意味的事情："拉丁美洲"这个许多年前在国际上确定下来的对我们这一区域的称呼，并不是西班牙人或葡萄牙人首先使用的，而是由一位名叫L. M. 蒂瑟朗的法国人在1861年第一次使用的。

在不久之后的1865年，H. M. T. 卡尔塞多接受了这种说法，这位哥伦比亚人在他当时居住的巴黎出版了一本书，旨在将西班牙的那些老殖民地联合成一个名为"拉丁美洲联盟"的政治团体。但是直到1900年，当乌拉圭的思想家、文学家J. E. 罗多在他的一部迅速引起轰动的作品《阿列尔》中采纳了"拉丁美洲"一词后，这一称谓才初步确定下来。

渐渐地，"拉丁美洲"这个名称被这一地区其他国家的知识分子们所接受，而像"伊比利亚美洲"（这个名称也包含了西班牙和葡萄牙这些宗主国）、西班牙语美洲、西班牙美洲和西班牙-卢西塔尼亚美洲这些称呼也就逐渐消失了。

J. 格鲁斯堡
（Jorge Glusberg）

阿根廷布宜诺斯艾利斯国家美术博物馆（MNBA）馆长，艺术与传媒中心（CAYC）主任。从1978年起任国际建筑评论家协会（CICA）会长，国际现代美术研究中心（ICASA）副主任，纽约大学艺术系主任。1980年获国际建筑师协会（UIA）为建筑评论颁发的屈米（Jean Tschumi）奖，1986年获法国政府颁发的一级教育荣誉勋章及1987年的巴黎美术学院学术勋章。他是许多著作和杂志的作者和编者。

随着时间的推移，“拉丁美洲”这一称呼开始为美国人和欧洲人所熟悉，尽管《大不列颠百科全书》直到1960年才对此做出解释：“我们要继续称大陆上的这一地区为拉丁美洲，仅由于需要与民间用法加以区别，而且除此之外尚无更为确切的名称。”

无疑，这个名称多少有些专断，因为西班牙、葡萄牙这两个早在1493年和1500年就已在这一地区立足的国家，其本土语言的溯源都和拉丁语没有多大的联系（如西班牙的加里西亚语和加泰罗尼亚语）。但是，诸多因素促成了“拉丁美洲”这一命名的形成。今天还有谁会提到西班牙美洲或者西班牙-卢西塔尼亚美洲呢？从1991年以来，西班牙、葡萄牙以及与这两个国家有渊源的拉美国家的政府首脑们每年都要召开集会，只有这些会议还使用“西班牙美洲高峰会议”的名称。

蒂瑟朗推崇西班牙美洲的“拉丁文化”是为了法国的利益，为了反对英国和美国的盎格鲁-撒克逊式的文明。以这种方式，他成了拿破仑三世皇帝的霸权主义目标的代言人。在不久之后的1864年，拿破仑三世依靠武力在墨西哥建立了一个君主政权，使哈布斯堡家族的马克西米连一世成为皇帝——拿破仑三世的这次冒险在三年后的1867年以墨西哥人民的胜利和奥地利家族那位短命皇帝被枪决而告终。

T. 卡尔塞多也将拉丁美洲同美国区分开来，但他是从一种排他性的对拉丁美洲和拉美主义的兴趣出发的。同蒂瑟朗所说的“拉丁”毫不相同，T. 卡尔塞多的“拉丁”与法国、与欧洲的其他国家都没有关系。T. 卡尔塞多曾说，拉丁美洲联盟将有利于拉美各国去“对付所有那些企图奴役我们的欧洲人和美国人”[1]。

然而，这并不意味着拉美要同美国决裂，T.卡尔塞多曾于1882年写道：“北美洲和拉丁美洲各共和国之间的关系应该是最紧密、最热诚的，但必须是在平等、互利、坦诚的原则之上……”

《阿列尔》中讨论了两个美洲的不同，尽管是从一种文化社会学的角度出发的。就像后来许多思想家所做的那样，他们都批驳和否认“泛美主义”。所谓“泛美主义”，是美国从1890年来一直鼓吹的一种体制，有利于美国的经济扩张、领土野心和政治统治。这样，“拉丁美洲”这一称谓就又成为理论和社会的战旗。

随着时间的推移，“拉丁美洲”这一名称的意义又成为对“美帝国主义”的揭露，其影响不断扩大，“拉丁美洲”的叫法在世界各地都得到了普及。这种普及意味着人们已承认了拉美作为一个独立自治的单位的存在，它也许是独一无二的，因为它的存在并不依靠任何条约或者协定。

“拉丁美洲”这种称呼始于1948年。在这一年，“OEA”，即“美洲国家组织”在波哥大成立，当“拉丁美洲经济委员会”在联合国组建后，“泛美洲”的概念就被“美洲国家间”的概念代替了。

接下来，又成立了“拉丁美洲自由贸易协会”（1960年成立，从1980年起，称为“拉丁美洲一体化协会”）、“拉美议会”（1964年）、“拉美经济合作委员会”（1969年）、“拉美经济体系”（1975年）。在“国际人权”方面，拉美和美国走在了联合国的前面。1948年5月，拉美和美国一起发表了《美洲人权及义务宣言》。

二

C. 哥伦布死于1506年，一直到死时他都相信自己在遵卡斯蒂利亚女王之命所进行的四次航行中，已通过大西洋到达了亚洲的最东部。实际上，他到达的是安的列斯群岛、中美洲沿岸地区以及奥里诺科河河口（委内瑞拉）。

同样是出于通过大西洋到达印度的目的，葡萄牙人P. A. 卡布拉尔在1500年到达了巴西，当时他并不知道到达的那片土地是属于另一个大陆的。一位名叫A. 维斯布乔的佛罗伦萨领航员在1501年至1502年由葡萄牙组织的一次探险活动中发现了这一点，在这次探险之前及其后，他一直都在为西班牙效劳。

在这次探险中，维斯布乔先探索了拉普拉塔河，又到达了巴塔哥尼亚。1503年，当他发表这次探险活动的报告时，整个欧洲都为之震惊。这位从巴西南部开始就领导了探险活动的水手说：这里没有亚洲的岛屿，这里有的是一整块大陆，“足足有世界的四分之一大”。这片土地上“居住着比欧洲、亚洲甚至是非洲还要多的民族和动物”，“应该称这片土地为‘新世界’”。

维斯布乔的这本探险报告在不到七年的时间里有了32个版本，准确地讲，“新世界”是出版商们选定的称呼。S. 茨威格曾认为维斯布乔的这份报告是“美洲独立的证明书”。实际上，维斯布乔才是真正意义上的“新世界”发现者；也正是由于这个原因，德国地图绘制家M. 瓦尔德泽米勒在他1507年绘制的地图中用维斯布乔的名字——亚美利加来标示这位水手在1503年出版的报告中所描述的那片广阔的土地。

于是，西班牙和葡萄牙开始了对“新世界”的殖民统治，直到18世纪末。在两个多世纪的时间，西班牙的统治者们一直固执地为这片大陆冠以与“印度”有关的名称。19世纪是拉美争取独立的过程，这一时期战争不断：1810年（后来的阿根廷独立）到1825年（玻利维亚独立）间，战争进行了15年。1822年，巴西从葡萄牙的统治下解放出来。1821年，乌拉圭被并入巴西，1825年脱离巴西独立。然而，拉丁美洲第一个独立的国家应该是1804年建立的海地（原法国属地）。古巴于1902年独立，巴拿马于1903年在美国的帮助下从哥伦比亚脱离，宣布独立。

在17世纪到18世纪期间，除了法国，英国和荷兰或是通过武力占领，或是通过与西班牙订下的转让协议，也曾在拉丁美洲占有殖民地。瓜那阿尼岛便是其中的一例。1492年，哥伦布到达美洲时就是在这里第一次踏上了美洲的土地，当时他给这个岛命名为圣萨尔瓦多岛；1718年英国得到这个岛，改称它为沃特林岛（后并入巴哈马群岛，1973年巴哈马独立）。可是，这些英荷属地的面积并不大，加起来还不到拉丁美洲面积的2.5%。

这样看来，拉丁美洲的国家中：18个是原西班牙属地（墨西哥、古巴、多米尼加共和国、哥斯达黎加、萨尔瓦多、危地马拉、洪都拉斯、尼加拉瓜、巴拿马、哥伦比亚、委内瑞拉、厄瓜多尔、秘鲁、智利、阿根廷、玻利维亚、巴拉圭和乌拉圭）；一个是原葡萄牙属地（巴西），另外一个是原法国属地（海地）。波多黎各岛原属西班牙，美西战争中美国获胜后归美国所有（1898年）；从1952年起，波多黎各成为美国的托管地，除了外交关系、防卫、货币和最高司法权外，波多黎各拥有充分的自主权[2]。

获得独立并结束了国内战争后，拉美国家先后成立了共和国，只有巴西，直到1889年才废除了君主制，采取了共和制。然而，在许多年里，民主都只是一句空谈，直到今天，在民主实施过程中仍存在着许多障碍。

从19世纪的“考迪罗主义”演化而来的“民粹主义”给20世纪的拉丁美洲带来了浩劫，先是成立军人议会，再夺取议会领导权，最后实现独裁。军人发动的政变成为拉丁美洲的灾难，给这一地区国家的政治、法律、经济、社会和文化的稳定性带来了不可弥补的破坏。

拉丁美洲33个国家的领土面积2070多万平方公里，人口总数超过5.62亿。面积最大的国家是巴西，占地约850万平方公里；其次是阿根廷，面积376万平方公里（含主权争议领土及主张拥有主权的部分南极地区土地——编注）；接下来是墨西哥，面积大约200万平方公里。巴西也是拉美人口最多的国家，有居民15700万人；其次是人口8000万的墨西哥和人口3500万的阿根廷。

在拉丁美洲，还有12个国家是原英国属地，于1962年到1983年间先后独立（安提瓜和巴布达、巴哈马、巴巴多斯、伯利兹、多米尼克、格林纳达、圭亚那、牙买加、圣克里斯托弗和尼维斯联邦、圣卢西亚、圣文森特和格林纳丁斯、特立尼达和多巴哥），目前英国在拉美尚有五块属地（安圭拉岛、蒙特塞拉特岛、英属维尔京群岛、开曼群岛、凯科斯群岛和特克斯群岛)。

苏里南是荷兰的旧殖民地，于1975年独立，但荷兰王国在拉美仍有两处属地：荷属安的列斯群岛和阿鲁巴岛。法国在拉美最后保留的领土是瓜德罗普岛、马提尼克岛和法属圭亚那。波多黎各以东60公里处的美属维尔京群岛原归属丹麦所有，后被美国购买。

那些曾被这些国家占领，不久前才获得独立的国家，加上至今仍为英、法等国属地的地区，总面积为53万平方公里，人口超过720万。其中，英国属地占第一位，面积27.234万平方公里，人口大约600万。接下来，按面积大小排序，为荷兰、法国和美国属地；按人口多少排序，为法国、荷兰和美国属地。

## 三

我们已经指出，真正意义上的美洲发现者是维斯布乔，他在哥伦布到达美洲十年以后的1502年提出“新大陆说”。人们不应该忘记这位佛罗伦萨水手在拉丁美洲的地理发现。但是我们也可以说，还有一位美洲的“诗意”发现者，那就是但丁·阿里盖利。他死于1321年，据推测，他的《神曲》创作于1310年到1321年间，在这部作品中，他曾留下相关的证据。

众所周知，《神曲》中但丁在维吉尔的陪伴下来到地狱。这是一种在地上挖出的分层的圆形漏斗，在其中的第八层，两位诗人发现了尤利西斯，尤利西斯向二人讲述了他的最后一次航行——《奥德赛》中并没有记载这次航行，所以这只是诗人但丁的创造。尤利西斯和他的同伴们驶过直布罗陀海峡，在大西洋中一直向南航行，夜晚，他们看到了“另一极的所有星辰”。在某一个时刻，他们隐隐看到“一座黑暗的山岗”“一片新的土地”，从那里刮来一股旋风，掀翻了船只，使船沉没，导致了尤利西斯和其他船员们的死亡。这只是但丁讲述的故事（《地狱篇》，第26章）。但是但丁自己也确认了尤利西斯关于星星的说法，当他同维吉尔从地狱中出来时，他转向右边，观察地球的另一端：“我看见四颗自最初的人类以来从未被见过的星星”，“它们似乎在用自己的光辉来使天空愉悦。哦，北极星，你是多么忧伤的所在，因为你无法将那些星星注视”（《炼狱篇》，第1章）。

地球另一端的这四颗星星，即尤利西斯在他的最后一次航行以及但丁在走出地狱时所看见的那四颗星星，是南十字星，也就是“美洲星座”，美洲正是那位神话中的伊塔卡国王所提到的“新的土地”。如果仅仅是最初的人们曾经看见过，那么处在14世纪初期的但丁又怎么会知道南十字星呢？因为但丁从未离开过意大利。那么这是诗人的直觉，还是一种预言？

可但丁的同乡维斯布乔却走出了意大利。在但丁写下《神曲》190年以后，维斯布乔得以观察并画下了南十字星和其他的一些星星，正像《新世界》中写道的，“我们的先人从未看见或认识这些星星”。可直到1679年，南十字星才被A. 罗耶尔列入宇宙志。

但是，正如欧洲曾对美洲一无所知一样，美洲对欧洲同样一无所知。当时的美洲甚至对本土自身都不甚了解。尽管考古学家B. J. 梅哲斯和其他一些人曾提出在中美洲（从墨西哥的内奥沃尔卡尼加山脉到巴拿马地峡）

和秘鲁之间以及上述地区与亚洲最东端地区之间曾存在着某些接触，但直到征服者们到达美洲，当地较大的土著民族之间也还处于不常往来的状况下。

当时发展程度较高的三种文明分别为：阿兹特克文明（墨西哥）、玛雅文明（尤卡坦、危地马拉、洪都拉斯的一部分和萨尔瓦多、伯利兹）以及克丘亚或印加文明（秘鲁、厄瓜多尔，还有智利和玻利维亚的一部分），这三种文明的形成至少可推至公元前1500年。他们的城市曾以其恢宏的气势和华美的建筑令西班牙人赞叹不已：阿兹特克人的特诺奇蒂特兰城、玛雅人的提卡尔城和克丘亚人的库斯科城是古代美洲（如果我们可以这样称呼）的代表。然而，还有数十个名字可与这三个名称相提并论。

这些城市中的宗教及民用建筑雄伟壮观，设计优雅精确，建造技术高超，带有上乘的雕刻和绘画装饰。在古代美洲的城市里，庙宇、金字塔、宫殿、市场、体育场和大广场的布局都非常和谐。西班牙的殖民统治曾对这些建筑造成了很大的破坏，但那些保存至今的建筑遗址仍能成为这些辉煌的古老文化的见证[4]。

除了这三种文明，拉丁美洲的其他地区，特别是巴西和拉普拉塔河地区，却没有什么部落组织和文化方面的发展。但我们还是有必要提到一些部落的发展程度，如：大安的列斯群岛的塔伊诺人、智利的阿劳加人、玻利维亚的阿伊玛拉人、巴拉圭的瓜拉尼人、巴西的一个地区以及哥斯达黎加的圭塔雷人。

发展程度更高的还有波哥大和通哈（哥伦比亚）高地的奇布查人，他们在金属冶炼、制陶和纺织方面都有较为突出的发展，他们的建筑主要由木头建成，这一点与阿兹特克人、玛雅人和印加人的建筑风格完全不同。而琴巴亚（奇布查人中的一支）金银工匠的熔铸和雕刻手艺的精巧则是无人可比的。

1492年，哥伦布在安的列斯群岛登陆。四年以后的1496年，圣多明各城建成，这是在拉丁美洲建造的第二座城市（晚于伊莎贝尔城，伊莎贝尔城只存在了很短一段时间——1494年至1496年，同样建于如今的多米尼加共和国境内），也是美洲大陆上最古老的城市之一。从1496年到1567年（加拉加斯建立），西班牙人建造了35座城市，至今仍然存在着。

那些较大的印第安国家在1521年（墨西哥和周边地区）到1533年（秘鲁）间先后消失。在此之前，安的列斯群岛、哥伦比亚和委内瑞拉已经开始了殖民化；在16世纪中期，智利、巴拉圭、阿根廷和乌拉圭先后成为殖民地。殖民化在巴西开始得较晚，始于1532年圣维森特的建立；到1567年，巴西已拥有六座城市，其中有圣保罗、里约热内卢和巴伊亚的圣萨尔瓦多（直到1763年都是巴西地区的首府）。

四

无论是西班牙人还是葡萄牙人，都将城市生活的方式强加给原来以农村生活方式为主的印第安人的社会，通常情况下，阿兹特克人、玛雅人和印加人的城市大多由行政、军事和宗教领袖以及贵族们居住。城市中分布非常集中的市场则是为乡村居民服务的。

墨西哥城是在特诺奇蒂特兰的废墟上建立起来的，

而西班牙人所建的库斯科则是建在克丘亚人的一座城市的基础之上。

众所周知，西班牙人在美洲所建的城市多具有棋盘式的布局，城市中心有一个广场，是政府和教堂所在。葡萄牙人在巴西建立的城市只是部分地采纳了西班牙的模式。凭借其强烈的官僚主义精神，西班牙政府使1573年的《印第安法令》成为一部真正的城市规划法典，这也是历史上有确实记载的第一部。法令中的一条规定是"必须对行将建立的城市先进行规划"。L.贝内沃罗曾恰如其分地说：拉丁美洲的城市规划"是文艺复兴文化产生的唯一的城市模式"，这种模式却从未在欧洲国家中得到体现。

然而，拉丁美洲的现代建筑却源自欧洲建筑。圣多明各和波多黎各的早期建筑就结合了中世纪建筑形式（尖拱式结构）和文艺复兴时期建筑形式（建筑物正面大多有居中的拱形门），这就是所谓的"伊莎贝尔风格"，见于天主教女王伊莎贝尔统治时期，她就是那位曾资助过哥伦布的卡斯蒂利亚女王。有时，建筑中也会有一些纯粹的对"穆德哈"[5]艺术的再现。

紧接在"伊莎贝尔风格"之后的是"仿银器装饰风格"。之所以这样称呼，是因为它的装饰总使人想到金银工匠们制作的各种珠宝首饰（一种吸收了意大利文艺复兴的要素，并同哥特式和"穆德哈"装饰因素相结合的趋势，在16世纪得以发展）。其后不久，又出现了严肃的古典主义风格，其代表为埃尔埃斯科里亚尔建筑群的设计者J. 德·埃雷拉；属于这种风格的建筑还有墨西哥大教堂，它可称得上是殖民时期最重要的建筑丰碑

（建于1656年）。进入17世纪后，就开始了巴洛克时代。

提到“巴洛克”，我们就不能不谈到“混血”的话题，在西班牙和葡萄牙控制的拉美地区，“混血”不仅仅是与种族相关的概念。实际上，“混血”可以被看作是拉美文化最基本的特点。

有一点是显而易见的，在墨西哥、中美洲、安的列斯群岛、哥伦比亚、厄瓜多尔、秘鲁、玻利维亚这些文化撞击最激烈的地方，建筑艺术的活力也往往最旺盛。上述地区是古代美洲文明发展程度最高的地区，能有此现象也就不足为奇了。那里是不同文化冲突更为激烈的地区，艺术和建筑的发展也就更为繁荣。同时，那里也是古代建筑遭破坏最为严重的地区，庙宇、神像和那些“异教”的物品都被基督教的教堂、神像和象征物以同样或更为热切的形式所代替。

1553年，圣安德雷斯学院在墨西哥建立。这是美洲第一所工艺美术学院，在这所学院里，那些来自西班牙、德国和佛兰德的欧洲工程人员、官员和艺术家来教育那些印第安酋长的子女、梅斯蒂索人和克里奥约人（美洲的西班牙人）；后来尤卡坦半岛、库斯科、波哥大、波多西以及巴西的巴伊亚、欧鲁普雷图、里约热内卢和累西腓也建立了此类学校。

上千的教堂、政府建筑、宫殿、住宅，成百的要塞、桥梁、公共场所的喷泉，无数的教堂宗教画，无数的肖像、雕刻、塑像、家具、文化和家居用品，都出自在艺术家和建筑师指导下（但并非一贯如此）的美洲印第安人、梅斯蒂索人和穆拉托人之手，无论是从数量上看，还是从质量上看，这些都称得上是规模恢宏的作品。

那些变成了手工匠人的美洲印第安人、梅斯蒂索人和穆拉托人在绘画、雕塑和装饰中，将欧洲模式同拉美本地的动植物形象结合起来，使得欧洲的风格样式有所改变。实质上，他们是在欧洲情感中注入了所谓“土著情结”。

从17世纪初开始，大多数拉美建筑师都出生在新大陆。在拉美手工匠人的帮助下，在美洲，特别是在美洲的西班牙殖民地，他们最终还是使自己新颖独到的风格见解得以发展；而在巴西，此类现象显得较为保守、谨慎。

18世纪，美洲特别是墨西哥和秘鲁的巴洛克艺术开始向着自由化和多样化发展，同西班牙和葡萄牙的巴洛克艺术相比，显得更具创造力。人们所说的“印第安巴洛克”，即“伊比利亚美洲巴洛克”（或“极端巴洛克”）成为一种对地域主义的无与伦比的显示。为此，M. 图森特写道：“没有哪个地方能像拉丁美洲那样，使作为精神方式的巴洛克同作为艺术表达方式的巴洛克保持一种非常紧密的联系。……巴洛克恰恰是最适合于拉丁美洲的一种表达方式。”

随着时间的推移，“伊比利亚美洲巴洛克”又对西班牙产生了影响，这一点已经得到了像E. 迭斯-卡内多和J. 德·恩西纳这样的西班牙历史学家和评论家的首肯。然而，以学院派的秩序来反对巴洛克风格的夸张和热情的新古典主义的建筑学，却于18世纪末在拉美（也在北美）占据了领导地位。

## 五

拉丁美洲各国的独立使得它们同西班牙之间产生了一道很深的文化鸿沟，相对而言，同葡萄牙的隔阂则没有这么大（巴西获得解放并不是像它的兄弟国家那样依靠发动一场战争，它也没有经历使其他国家备受摧残的长期的政治动荡和武装斗争）。那时，拉美的建筑主要受法国、意大利、德国和英国的影响。

在19世纪下半期，拉丁美洲的内部动荡已趋结束，有组织的建设过程一开始，上述那些国家的建筑师们就来到这里。拉美建筑先是受来自意大利的讲求克制的新文艺复兴主义风格的影响，接下来，在1890年到1930年期间，拉美却成了法国艺术风格的天下，这种风格在公共及私人建筑中都得到了广泛的应用，1920年到1930年的十年间，在拉美城市中如雨后春笋般涌起的为中产阶级建造的住宅建筑也采用了此种建筑风格。

布宜诺斯艾利斯的科隆剧院和国民议会、里约热内卢的国立艺术学校（今天的国家艺术博物馆）、墨西哥城的艺术宫和众议院、波哥大的孔第纳马加内务部、智利圣地亚哥的艺术博物馆、利马的里马克住宅楼，这里提到的几乎所有建于1900年至1919年或稍晚时期的建筑，都是属于新波旁风格的建筑，有时也会带一些流行的意大利学院派的风格特点。

那些法国建筑师，不论是早于意大利风格时期还是在其之后，都具有一定的共同特点，但他们来到拉美后也都各自寻求在欧洲无法找到的艺术表现的可能性。那些支持法国艺术严肃风格的英国和德国建筑师也正是这样做的，当然，我们也要提到一些瑞典和挪威的建筑家。在某些情况下，法国建筑师们并没有踏上拉丁美洲的土地，他们只是将自己的设计方案和图纸寄往美洲，把工程的领导权委托给同行（或者是法国人，或者是欧洲其他国家的人，或者是阿根廷人），R. 塞金特的情况就是如此。这位建筑家设计建造了阿根廷的五座重要的宫殿，其中位于布宜诺斯艾利斯的一座从1937年起成为国家装饰艺术博物馆。

这些建筑师中的绝大部分都在拉美国家定居，只有很少的一部分回到了他们自己的国家。像拉美的艺术家们一样，在拉美从事建筑的专业人士也都无一例外地在巴黎、罗马、佛罗伦萨、威尼斯、柏林、维也纳和布鲁塞尔的学院和大学学习过。直到20世纪初，建筑学校才在拉丁美洲逐渐普及（建筑科系则更迟），但任课的教师仍以欧洲人为主。

1914年至1918年的第一次世界大战中断了拉丁美洲和欧洲在建筑学上的人员和技术往来。1918年以后，这种联系虽然有所恢复，但前往拉美国家的欧洲建筑师的数量却大大减少了，取而代之的是持不同见解，风格也大不相同的拉美建筑师们。

在拉美建筑风格主流中，有一种是被阿根廷评论家称为“化装舞会”的折中主义。当时，拉丁美洲的城市里出现了新中世纪风格的建筑物（特别是军营和监狱）、新哥特式建筑（教堂和修道院）和新浪漫主义风格的建筑（学校和俱乐部），而城郊和农村住宅也集中了欧洲的建筑风格（诺曼底式、巴斯克式、蒂罗尔式、尤多式、雅可布式、乔治式）。尽管如此，折中主义流派还是拥有许多杰出的欧洲和拉美建筑家，其建筑风格成为许多令人叹为观止的设计的源泉。

此外，我们还应该提到两座城市的建立：阿根廷布宜诺斯艾利斯省的首府拉普拉塔（1882年）和巴西米纳斯吉拉斯州的首府贝洛奥里藏特（1897年）[6]。它们建于19世纪的最后25年间，其时，拉美现代城市的前景正初见端倪。

最后，在建筑学领域，我们还要特别指出"新艺术风格"的繁荣，这种风格作为对时尚的历史循环论的一种反映，在意大利、法国、奥地利、德国和西班牙（确切地讲，是加泰罗尼亚的现代主义）都有所表现。这样，在20世纪20年代，拉丁美洲开始向着一种全新的建筑艺术迈开脚步，这种建筑艺术使拉美刻板的传统模式重新恢复了活力。

## 六

早在1902年，圣保罗蓬特阿多别墅的建成便拉开了拉美建筑新艺术风格的序幕，这座建筑的设计者——瑞典人C. 艾克曼还将这种风格应用到对同样位于巴西圣保罗市中心的商贸学校和妇产医院的建筑设计中。

新艺术风格的另一位代表是法国人V. 杜布格拉斯，他设计建造了圣保罗的"邓特之家"（1910年）和圣保罗州迈林基的索罗卡巴纳火车站，后者采用了在当时非常少见的钢筋混凝土构造，显得格外新颖、出众。

通常，人们总是把墨西哥城中由意大利建筑师A. 博阿里设计的美术宫（1904年建成时是国家剧院）归入新艺术流派，但实际上，这座建筑是带有法国艺术特点的折中主义建筑风格的典型代表。不过，墨西哥城中胡亚雷斯和罗马住宅区的许多建筑都属于新艺术风格。

“新艺术”同样也影响了波哥大、利马和智利的圣地亚哥，而阿根廷建筑师J. G. 努涅斯（1875—1944年）、意大利建筑师V. 科隆博、F. 加诺蒂和M. 帕兰蒂，还有瑞士建筑师A. 马素和德国建筑师O. 兰森豪菲的作品却使新艺术风格在布宜诺斯艾利斯达到了它繁荣的顶点。J. G. 努涅斯曾在巴塞罗那同L. D. 伊·蒙塔内尔一起学习建筑，他最优秀的作品是布宜诺斯艾利斯的查卡布科78号的办公大楼，这座建筑的正面显示了一种禁欲主义的风格。

科隆博曾于1906年至1927年（是年去世）在阿根廷工作，他的突出特点是对建筑物正面的精心装饰，如里瓦达维亚3222号和科连特斯2558号的公寓住宅等建筑便是其风格的代表。加诺蒂设计的建筑中有两座是布宜诺斯艾利斯建筑的里程碑，即圭梅斯画廊（1915年）和莫里诺糖果店（1916年）。

至于帕兰蒂，他可称得上这些意大利建筑师中最有创造力的一位，他的具有象征意味的作品是耸立在五月大街上的“巴罗洛通道”（建于1923年，建于1922年的蒙得维的亚的萨尔沃宫也是帕兰蒂的作品）。

最后，还有必要提一下加泰罗尼亚建筑师F. R. 伊·西莫，他设计的作品主要位于阿根廷的重要城市罗萨里奥，其中最著名的是西班牙俱乐部（1916年）。

当新艺术风格刚刚失去活力时，装饰派艺术又登上了舞台，它在20世纪20年代后半期到30年代末在拉丁美洲取得了长足的发展，这种发展不仅表现在建筑师们的作品中，也表现在那些不知名的建设者和计划者的行动中。

尽管这种建筑模式最早可以追溯到第一次世界大战之前，但据人们所知，装饰派的名称和它的成就产生于1925年4月到10月在巴黎举办的现代工业和装饰艺术博览会（缩写为EXPO. ARTS. DECO.）。这种风格较注意建筑物外部装饰，尤其注重建筑物内部装饰，在美国和拉丁美洲得到了极为广泛的应用。

然而，装饰派艺术却受到了现代派运动的轻视，当时，它的最激烈的反对者之一就是评论家勒·柯布西耶，但它却最终成为南、北美洲通向理性主义的桥梁，这种理性主义使得位于格兰德河以南的国家获得了一种坚定的属于自我的地域主义的色彩。

在墨西哥，装饰派艺术出现于1927年，以V. 门迪奥拉设计的铁路员工联盟大楼的建成为标志，而它的消亡则在1934年左右，以F. 马里斯卡尔的艺术宫门厅的建成为标志。装饰派艺术风格的支持者还有M. C. 加西亚、J. 塞古拉、L. 诺列加、F. 塞拉诺、M. O. 莫纳斯特里奥和C. O. 桑塔西里亚（墨西哥银行，1928年；卫生部，1929年）。

哈瓦那的巴卡尔迪大厦（1930年建成，设计者是E. R. 卡斯特尔斯、R. H. 鲁埃内斯和J. 梅仑德斯）是装饰派艺术最杰出的象征。装饰派艺术在智利圣地亚哥的代表建筑是R. G. 科尔特斯设计的工人保险大厦（后来成为邮政局所在地），在蒙得维的亚的代表建筑是A. 伊索拉和G. 阿尔马斯设计的里纳尔蒂宫（1929年），在加拉加斯的代表建筑是工程师G. 萨拉斯和A. 维加斯设计的教育部（1938年）。

在里约热内卢，较为突出的建筑有H.萨儒斯设计的商贸宫（1937年）、R.利特设计的新世界办公大楼（1934年）和R.普伦蒂斯设计的梅特罗–帕塞奥电影院（1936年）；在圣保罗，则有E. D. C. 巴希阿纳设计的保禄会铁路公司的建筑（1928年）。

装饰派艺术还影响到了贝洛奥里藏特、阿雷格里港、巴伊亚的圣萨尔瓦多、福塔莱萨和戈亚尼亚等城市，其中，戈亚尼亚建于1937年，其公共建筑成为装饰派艺术模式的典范。

从1919年到1932年，维拉索罗在布宜诺斯艾利斯设计建造了20多座建筑，包括住宅、公寓、疗养院、电影院和政府大楼，其中最杰出的是一个名为“普拉塔的公正”公司的办公大楼，尽管该公司如今已不复存在，这座建筑至今仍矗立在诺尔特和佛罗里达街角处[7]。

七

然而，在新艺术风格和装饰派艺术这两个时期之间，拉美建筑界还产生过一次专门运动，即所谓的“新殖民主义运动”，其最初的理论于1915年出自阿根廷，到20世纪40年代中期，这一运动的理论已在一些国家得到了实践，而新殖民主义运动的辉煌时期却是在20世纪20年代和30年代上半期。

很明显，这次运动是在试图探索一种塑造拉美自己的建筑艺术的方法，就像18世纪的美洲巴洛克艺术所做到的那样。当时，建筑师们在寻找方法，以期重新获得那曾经失去的风格上的连贯性，并且接受当时先进的技术。实际上，“新殖民”这个并不很恰当的名词[8]在19

世纪末出现在美国，当时被称为“教会风格”（Mission Style），在南加利福尼亚和佛罗里达的一些地区（原来的西班牙属地）得到发展。

1769年到1823年间，方济各会的修士们在加利福尼亚建造了21座建筑，而这些建筑所体现的殖民地建筑风格又重现在20世纪的建筑中，这不仅是出于商业原因，更重要的是，这是一种对文化独立性的拯救。这种拯救无疑是非常自然的，与建筑之外的其他环境并没有太多联系，但它却在拉丁美洲广为流传，其中的差异就在于，这种对文化独立性的拯救通常不仅仅限于对文化的恢复，而是试图实现对原有文化的超越。

尽管在拉丁美洲的新殖民主义创作中能够找到“教会风格”的痕迹，但这种建筑风格的主体还是见于对西班牙地区性建筑（特别是安达卢西亚地区的建筑）的模仿和秘鲁、玻利维亚的梅斯蒂索人建造的房屋。在这些建筑形式中，“仿银器装饰风格”和巴洛克艺术因素经常同拉美典型的“西班牙-卢西塔尼亚”建筑风格结合在一起，同时还包含了拉美本地土著艺术的成分。

当时的拉丁美洲正处在民主化的进程中，独立所带来的断层同样也表现在文化领域中，如果不考虑到当时的政治、社会和经济前景，也就不可能理解新殖民主义艺术的发展。在经过了80多年以后，很难衡量出这次拉美复兴的深刻意义，但这次复兴却可以对新殖民主义的建筑做出解释。

确实，这次新殖民主义运动主要还是致力于重现和混合，直至变成一种历史循环论的模式，可以被加入到折中主义的范本中去。然而，这颓废消极的一面却无法抹去新殖民主义在文化方面所取得的三项巨大的成就：

1. 是对当时仍不为人知，不为人所了解，甚至被人所轻视的拉美各国建筑传统的发掘和利用。

2. 激发了真正属于拉美的建筑理论的产生，也是拉美历史、传统和现状意识的觉醒。

3. 寻求具有地方特点、能够代表拉美建筑风格又不与国际风格和时尚技巧相违的表达方式(但并不是地方主义的）[9]。

尽管如此，新殖民主义风格除了在一些政府机构的建筑中有所体现之外，没能形成大的影响。那关于西班牙的黑色神话，老宗主国对哥伦布以后时代的美洲所一直持有的蔑视态度，一些重要的西班牙人集体的存在，对美洲过去的土著时代与殖民时期的不了解和对这些时期历史的拒绝，最后还有统治阶级对德国、意大利、英国，特别是法国的艺术之神的狂热，所有这些，都遏制了新殖民主义在拉丁美洲的发展。而由于这些因素，在整个新殖民主义时代，装饰派艺术却在中产和下层阶层中取得了较大的成就。

然而，新殖民主义风格的作品却在拉丁美洲建筑史上占有重要的位置。在墨西哥，较为突出的作品有：A. T. 托里哈设计的高纳大楼（1922年），E. 萨穆迪奥设计的托斯塔多工作室（1923年），C. O. 桑塔西里亚设计的贝尼托·胡亚雷斯中心学校（1925年）。L. 巴拉甘的早期作品（1927—1935年，分布在瓜达拉哈拉）受到了摩尔式风格的影响，体现了一种独特的新殖民主义风格。

在秘鲁，值得一提的是R. 马拉乔夫斯基和C. 萨胡特设计的利马大主教宫（1917—1924年），E. 哈斯－特雷和J. A. 卡尔德隆设计的利马市政厅（1939年）；在玻利维亚，有E. 比利亚努埃瓦设计的拉巴斯市政厅（1925年）。

波多黎各圣胡安的海关大楼（1913年）、L.莫拉雷斯设计的位于哈瓦那的原古巴电话电报大楼（1927年）以及I. E. 马特和F. 比勒杰尔设计的智利圣地亚哥的阿里兹蒂亚宫（1925年）都属于新殖民主义流派的建筑。

在巴西，葡萄牙人R. 塞维罗和医生J. M. 菲尔霍从圣保罗推动了新殖民主义的发展。前面讲到新艺术风格的支持者时我们曾提到的建筑师V. 杜布格拉斯是新殖民主义运动中最有创造力的领导人物，当时还很年轻的建筑师L.科斯塔也参加了这场运动。在众多的建筑当中，应该提到杜布格拉斯设计的位于圣保罗的“海洋山”（1922—1926年）、J. M. 菲尔霍和L. 科斯塔设计的里约热内卢师范教育学校（后来的教育学院，1928—1930年）。

在阿根廷，著名的新殖民主义理论家有曾在德国受过教育的匈牙利人J.克隆福斯，还有M.诺尔、A.吉多和H.格雷斯莱宾。正是由于克隆福斯，作为17世纪和18世纪阿根廷文化中心的科尔多瓦的第一座传统建筑才得以建造。在这些创造者可以作为范例的建筑作品中，有诺尔的西班牙美洲艺术博物馆（1922年）、吉多的“里卡多·罗哈斯之家”（1928年），两者都位于布宜诺斯艾利斯；此外，还有克隆福斯设计的位于科尔多瓦的赫苏斯·玛丽亚的“埃尔·科尔蒂霍住宅”（1930年）。

还有两座新殖民主义风格的建筑成为了城市建筑的

丰碑，那就是塞尔维亚人F. 阿兰达设计的塞万提斯国家剧院（1921年）、英国人P. B. 钱伯斯和美国人L. N. 托马斯设计的波士顿银行（1924年），这两座建筑都位于布宜诺斯艾利斯，是西班牙建筑模式的再现。

20世纪20年代后的新殖民主义风格的代表作有L. E. 查泰因设计的加拉加斯邮政局（1933年）、J. M. 巴兰特斯设计的圣约瑟的哥斯达黎加艺术博物馆（1937年），还有建于1937年至1954年间的由R. P. 德·莱昂设计的危地马拉国家宫。

八

前面我们已经说过，在拉丁美洲（还有在美国、加拿大），装饰派艺术起到了通向理性主义的桥梁的作用，这一艺术流派的表现手法在拉美国家获得了一种坚定的属于拉美自身的地域主义的色彩。但必须承认，这来自于新殖民主义的文化背景。

勒·柯布西耶于1929年年底第一次访问美洲，主要目的地是阿根廷（布宜诺斯艾利斯）和巴西（里约热内卢、圣保罗），他在蒙得维的亚和巴拉圭的亚松森也做了短暂停留。勒·柯布西耶的到来在布宜诺斯艾利斯并没有引起多大反响，但在圣保罗，特别是在里约热内卢的反应却非常热烈。然而，我们也许可以把勒·柯布西耶的阿根廷和巴西之旅看作拉美理性主义时代的开始。柯布西耶的名字还通过他的著作到达了其他的拉美国家（他把在布宜诺斯艾利斯所做的十次讲座汇编成一部名为《准确》的著作，于1930年在巴黎出版，直到1978年，柯布西耶逝世13年后，这部作品才在巴塞罗那而不是在布宜诺斯艾利斯被翻译成了西班牙语）。

由于装饰派艺术和新殖民主义的风行，现代主义在20世纪30年代开始进入拉丁美洲，它的代言人是一位瑞士籍法裔建筑师，但这并非出于他自己的意愿，而是出于当时的环境因素。从墨西哥到阿根廷，有许多反映现代主义主张和成就的例子，其中有很多都被选入本书。尽管如此，那些矗立在拉美城市中的理性主义的建筑作品并不总是非常正统的——现代派运动的异端中也有可能存在着正统的因素——在每一座建筑中都显示着能反映出意想不到的丰富内涵的独特表达力。

但一俟功能主义发生了效力，那种独特性就开始控制了建筑模式，并使建筑模式服从于自己的规则和意志，这就是我们前面提到过的理性主义手法。此外，地域主义也最终变成了一种自治文化的运动，变成了带有批判倾向的地域主义的建筑风格。新殖民主义流派曾经勾画过这种风格，却无功而返，没有留下什么影响。

批判性地域主义的理论家和历史学家们仍然没有考虑乌拉圭艺术家、教育家和哲学家P. 费加里（1861—1938年）在一开始时所做的贡献：正是他在1915年到1919年间第一个制订了这条地域主义的文化道路，又是他，从1921年起，将地域主义应用到自己的绘画当中。在美洲的一片欧洲艺术的高潮中，费加里提出有必要建立一种与国际特点相融合的、全新的、具有本土特点的拉丁美洲美学方式来解决和表现拉丁美洲自己的问题。

对费加里来说，拉丁美洲是一个地理-历史的整体，是一个文化地区。他就这样在30年的时间里发展其观点，将地域主义的概念引入法律、经济、社会学、规划学和地理学等社会科学中。可以说，他的地域观体现了一种共同民族性的思想。

费加里在1919年写道："我想将我们的作品地域化，比如，称其为'美洲的作品'，但当我将这种想法向那些过分沉迷于旧大陆传统文化光环的人提出时，它看起来就像个乌托邦，但这个计划并不是个荒唐之举，它只不过代表了一种美好的意识。"接下来，他又补充道："拉美的自治不仅仅是一种文明的标志，我们还要认识到，自治并不是对旧大陆所积累的宝贵财富漠然置之……正相反，我们要带着自己的评判来利用它们，而不是鹦鹉学舌般地简单模仿：这才是地域化……是一项在我们自己的头脑支配下进行的工作，以我们自己的意志来利用可利用的一切。"[10]

可以看到，在将艺术家的判断力从对那些能满足其表达需要的欧洲诗性因素的选择中解放出来时，费加里在他的地域主义中极力推崇批判的方法。总的来说，费加里的地域主义实际上是通过将世界性地方化来达到将地方性世界化的目的，具体到整个拉美的情况，则涉及它的历史、传统和人民。

费加里的理论超越了艺术的界限，将建筑和工业也包括在内：他在绘画中运用自己的理论，为拉丁美洲带来最新颖的作品。20世纪20年代和30年代，其他的一些画家，或是无心，或是有意，在巴西、墨西哥（指那些壁画派画家）、委内瑞拉，自然还有阿根廷，对费加里的理论加以实践。正是在那时，费加里提出的批判性的地域主义开始出现在建筑界。

代表这一理论的优秀建筑作品有J. V. 加西亚在

1937年设计的墨西哥国家心脏病医学院，乌拉圭人J. 维拉马霍在1938年设计的蒙得维的亚工程学院（1945年部分完成，1953年全部完成），B. 维奥利在1939年到1943年间设计建造的哥伦比亚大学工程学院，E. 比利亚努埃瓦设计的位于拉巴斯的圣安德烈斯大学，C. R. 比利亚努埃瓦在1942年开始设计的位于加拉加斯的“静谧”住宅区，L. 科斯塔、O. 尼迈耶、C. 雷奥、J. 莫雷拉、A. E. 雷迪和E. 巴斯孔塞略斯设计的里约热内卢的卫生教育部（1936—1943年），西班牙人A.波内特和阿根廷人J. F. 哈多伊、J. 库尔昌于1939年在布宜诺斯艾利斯设计建造的“南半球”集团的建筑。此外，还有E. 萨克里斯特所设计的建筑。

毫无疑问，里约热内卢的部委办公大厦（今天的文化宫）是批判性地域主义在拉丁美洲的初级阶段的标志。一些被巴西的权威人士称为顾问的历史学家坚持说这项设计的基本思想还是来自勒·柯布西耶[11]（众所周知，里约热内卢是当时巴西的首都）。

但是L. 科斯塔（1902—1998年）却及时宣布“这座建筑的设计和建造，从第一份草图到最终的完成，所有的实施都没有那位建筑大师的丝毫影响，所有来自巴西本土人士的巨大贡献毫不逊于大师一直为之奋斗的原则中的为公众奉献的精神”。除了历史学家们的详述外，部委办公大楼的建筑本身对于任何一个细心的观察者来说，都体现了一个事实，那就是科斯塔和他的同事们已经将柯布西耶的风格模式“巴西化”了。

“批判性地域主义”这一名词在20世纪80年代被A. 佐尼斯和L. 雷法伊福雷用于建筑领域，后来，K. 弗兰姆普敦又提出了自己的理论见解[12]。但在40年代时，“批判性地域主义”的应用已经变成了拉美建筑领域一个不可否认的现实，从本书相关章节中还可以看到，随着社会时代的变迁和建筑界主流思想的变化，这一理论也会不断地发展、完善。

事实是，批判性地域主义已不再仅仅是一种程式或风格，它已构成了一种伦理态度、一种美学才能。它充满活力，关注着世界的大环境和我们这些拉美国家的小环境，它就像拉丁美洲本身一样，将自己的一致性建立在多样化的基础之上。

九

在1940年至今的许多建筑作品中，我们都能看到“批判性地域主义”的发展和演化，这一时期的两次高潮分别以巴西的贝洛奥里藏特的潘普利亚娱乐中心（1943年）的建成以及布宜诺斯艾利斯的马德罗港区城市化第二期工程的开始为代表。

大赌场、舞厅和快艇俱乐部（1942年），再加上阿西斯的圣弗朗西斯科教堂（1943年）、潘普利亚的建筑，这些都可以被看作O.尼迈耶建筑的开始。尼迈耶如今是拉丁美洲建筑师协会的元老，也是协会中的一位大师级的人物。

在解释潘普利亚的建筑设计时，尼迈耶指出：“我对那些直角、冷峻的形式和技术并不感兴趣。只有那些能够唤起多种激情的新形式，那些美丽而令人愉悦的弯曲的表面才会激起我的热情。我曾认为混凝土结构可以提供所有这一切，并结束与实用主义矛盾重重、争执不断的时代。我不去理会那些评论和遮遮掩掩的暗示（诸如‘巴洛克’‘无根据的’等），而是信心十足地一头扎进那个充满新形式，充满抒情情感和创作自由的世界中去，在潘普利亚开创了我们国家真正的现代派建筑风格。”

从那时起直到今天，尼迈耶的建筑作品（他最近设计的建筑是建于20世纪90年代中期的位于里约热内卢州的尼泰罗伊当代艺术博物馆）可以说是一种对建筑形式和材料的惊人而出色的实验，他总是能从形式和材料中发掘出崭新的、出人意料的可塑性。

尼迈耶的名字还同巴西利亚紧紧联系在一起，这座拉丁美洲最年轻的城市从1960年4月21日起成为巴西的新首都。L. 科斯塔是当时内阁任命的一个建筑小组的领导，尼迈耶是他的助手之一。在科斯塔制订的总体计划的基础上，尼迈耶设计了巴西利亚的许多政府部门的建筑，其中有黎明宫（1958年），普拉纳尔托宫（总统府所在地）、联邦议会和最高法院（均建于1960年），以及令人惊叹不已的大教堂（1970年）。

A. E. 雷迪当时也参加了建设小组，是科斯塔的另一位助手，有一段时期还是尼迈耶的合作伙伴。他曾积极参加了“批判性地域主义”第一次浪潮的运动，他在1947年设计的莫拉埃计的门德斯住宅区便是其“批判性地域主义”的最初体现之一。除此之外，雷迪还设计建造了许多住宅和公共建筑：医疗中心、学校、幼儿园、市场、体育馆和洗衣店，这些建筑不仅仅位于拉丁美洲，还分布于世界的其他地方。里约热内卢的现代艺术博物馆也是雷迪的设计作品，但这座建筑在1978年的一场大火中受到严重破坏，这场大火还烧毁了博物馆的许多藏品。

前面，我们在谈到建于1942年的“静谧”住宅区的时候，曾提到委内瑞拉的建筑师C. R. 比利亚努埃瓦（1900—1978年）。比利亚努埃瓦设计的代表作品是加拉加斯大学城（委内瑞拉的中央大学），从大学城的设计草图直到它的最后完成，一共花费了20多年的时间（1944—1966年）。

大学城中最出色的建筑当属室内广场和大教室。在这两座建筑的设计中，比利亚努埃瓦采纳了A.卡尔德隆的设计成果（悬挂在大教室顶棚上的移动式装置可以反射声波，为建筑物带来了非常好的音响效果），另外，还吸收了H. 阿普、F. 勒杰尔、A. 佩夫斯尼尔和V. 瓦萨尔利等人的设计思想。

几乎在同一时期，根据M. 帕尼、E. 德尔·莫拉尔以及一个由S. 奥尔特加、C. 拉索和L. S. 马达莱诺组成的建筑师小组的设计计划，建成了墨西哥特区大学城（墨西哥国立自治大学所在地）。帕尼和德尔·莫拉尔还是雷克托利亚塔楼的设计者。

与此同时，我们在谈到新殖民主义运动时第一次提到的墨西哥建筑师L. 巴拉甘（1902—1988年）继他的理性主义阶段（1936—1940年，其间他的设计多受勒·柯布西耶的影响）之后，开始了他更高层次的发展。这种更高层次上的发展主要在于巴拉甘对独户家庭住宅的设计，这使巴拉甘的作品成为地域主义建筑的杰出代表，也使他成为像尼迈耶那样的享有国际声誉的大师（巴拉甘继美国人P. 约翰逊之后在1980年获得了第二届普利兹克奖）。

巴拉甘的建筑作品并不是很多，但它们却因充满了诗意和理想化因素的禁欲主义特点而显得格外突出。这些作品中，有塔库巴亚的研究所（1947年）、普列托·洛佩斯住宅（1948年）、加尔维斯住宅（1955年）和弗尔克·埃赫斯特罗姆住宅（1968年），所有这些建筑均位于墨西哥城。

巴拉甘曾经写道："我们应该努力使现代建筑获得（墨西哥的）前哥伦布时期建筑、殖民时期建筑和民间建筑的表面、空间及体积所拥有的那种魅力。当然，我们不能重复那些建筑形式，但我们可以分析那些花园、广场和建筑空间所具有的令人愉悦的内在因素。我们会惊讶地发现，我们至今还没有获得一种足以表现那种因素的手法。"

位于图尔蒂特兰的巴卡尔迪冷饮厂的建筑（1958年）也是具有特殊重要性的建筑作品，它的设计工作由路德维希·密斯·凡·德·罗（办公楼的设计者）和F.坎德拉（生产厂房的设计者）共同完成。后者是一位著名的西班牙建筑师，他于1939年定居墨西哥，在那里，他使自己的建筑设计风格得到不断的发展，其主要的设计特点为轻灵的结构或双抛物线曲面呈蛋壳状的混凝土屋顶。

在阿根廷，由A.威廉姆斯（1913—1989年）设计的位于马德普拉塔市的"临溪住宅"（1945年）成为理性主义建筑的代表作品之一，勒·柯布西耶也在阿根廷的拉普拉塔市设计建造了库鲁谢特住宅（1949—1954年）[13]。而三家建筑师事务所的工作却显示了理性主义向批判性地域主义的转变。这三家事务所是阿斯兰和埃斯库拉事务所（1931年建立），S. S. 埃利亚、F. P. 拉莫斯和A. 阿戈斯蒂尼建筑师事务所（即SEPRA事务所，1935年开办）和M. R. 阿尔瓦雷斯事务所（其早期设计始于1937年）[14]。

由SEPRA事务所设计的科尔多瓦市政厅（1954—1958年）是这个机构的设计作品中的代表，并因其建筑活力和表现力而闻名遐迩[15]。与这座建筑同时期的其他建筑作品还有M. R. 阿尔瓦雷斯设计的位于布宜诺斯艾利斯的圣马丁市政大剧院（1953年至1956年设计建造，1960年正式开放），它是建筑形式的优雅性和坚固性的完美体现，也表现了建筑师在建筑空间方面的丰富想象力。阿尔瓦雷斯曾设计建造过重要的大型建筑，他最近的作品之一是埃尔·帕克公寓塔楼，这也是美洲最高的建筑。

阿斯兰和埃斯库拉事务所的作品也数目众多，他们的设计在阿根廷开创了商业性画廊的建筑模式，并且在工业建筑领域进行了革新。20世纪80年代末期，在J. 阿斯兰、L. 吉格利、A. 马得罗和M. A. 德·吉格利的领导下，这个工作室还确立了行政管理部门建筑的模式，矗立于布宜诺斯艾利斯郊外的巴耶尔实验大楼就是这种模式的代表。

## 十

在20世纪60年代和70年代，随着拉美批判性地域主义的发展，又有一些新的名字加入到这一流派当中。

在墨西哥，有许多著名的建筑师。其中，P. R. 巴斯克斯设计建造了许多重要的民用建筑，像位于恰布尔特佩克森林的国家人类学博物馆（1964年）、位于特拉特洛尔克的外交部（1965年）、阿兹特克足球场（1965年）和联邦议会，所有这些建筑都在墨西哥城内；而A. 埃尔南德斯则将几何式表现手法（他本人建于1976年的建筑工作室就采取了这种手法）同前哥伦布时期的古老的建筑模式和理性主义传统结合了起来。

不论是作为合作伙伴，还是作为独立设计师，A. 萨布鲁多夫斯基（1924年生）和T. G. 德·莱昂（1926年生）在当代墨西哥建筑领域都是出类拔萃的。他们曾合作设计了一些具有代表性的建筑，如墨西哥学院（1975年）、鲁菲诺·塔马约博物馆（1981年）等。在这些建筑物中，钢筋混凝土结构具备了多种形态，并创造了开放、宏大的建筑空间。

我们曾提到过批判性地域主义的一位推动者，那就是伟大的建筑师J. V. 加西亚（1901—1982年），而他的助手兼合作伙伴R. 莱戈雷塔（1931年生）从20世纪60年代起就开始以工业和行政管理建筑的设计赢得了声誉。但他的第一件具有决定意义的建筑作品还是位于墨西哥城的皇家大道饭店（1968年），在这座建筑中，莱戈雷塔吸取并改进了巴拉甘所教导的思想。三分之一个世纪以后，位于蒙特雷的新莱昂州自治大学中心图书馆（1994年）再次展现了莱戈雷塔在建筑体积和空间方面的创造性才能。

在几乎同一时期，我们在拉美其他国家也能找到一些重要的建筑作品，例如，在古巴有F. 萨利纳斯设计的哈瓦那的何塞·安东尼奥·埃切维利亚理工学院（1968

年），在委内瑞拉有J. 滕雷罗设计的巴尔吉斯梅托市政委员会（1965年），在哥伦比亚、智利、乌拉圭和阿根廷也有一些代表建筑。

曾在巴黎同勒·柯布西耶一起工作的R. 萨尔莫纳因他在波哥大设计建造的埃尔·帕克公寓塔楼（1965—1975年）而登上了哥伦比亚的建筑舞台，这些住宅楼为一直毫无秩序地扩张着的哥伦比亚首都重新规划了城建远景。萨尔莫纳不仅懂得如何营造城市，还懂得如何借助大自然和历史的因素，就像他在卡塔赫纳贵宾之家（1978年）的设计中所做的那样。在波哥大的新圣达菲信息中心（1997年）的建筑中，我们也能发现这两种方针在一定程度上的结合。

同萨尔莫纳一样，G. 桑佩尔也曾在巴黎的勒·柯布西耶的工作室工作过。回到波哥大以后，他同R. E. 加西亚、A. S. 卡马乔合作，共同完成了哥伦比亚新建筑中最为著名的几件作品（路易斯·安赫尔·阿兰戈图书馆、黄金博物馆、阿维安卡大楼）。除此之外，桑佩尔还设计了波哥大的考苏布西地奥住宅区（1991年）。

智利建筑师E. 杜哈特（1917年生）在哈佛学习时曾是W. 格罗皮乌斯的学生，后来又曾在巴黎做过勒·柯布西耶的合作者，他因设计建造了拉丁美洲经济委员会（CEPAL）大楼而成名。该委员会是联合国的一个分支机构，于1966年在智利的圣地亚哥成立。在乌拉圭，工程师E. 迭斯特（1917年生）采取钢筋混凝土和砖结构拱顶来营造充满非凡的艺术美感、体现娴熟技术技巧的建筑空间。其代表作有位于阿特兰蒂达的圣母教堂（1960年）和位于蒙得维的亚港的胡利奥·埃雷拉与奥贝斯仓库（1978年）等等。

在巴西，较为著名的建筑师有J. V. 阿蒂加斯（1915—1985年，毕业于圣保罗大学建筑与城市规划学院）和L. B. 巴尔迪（1914—1992年，生于意大利，1947年定居巴西），他们的建筑作品主要有位于圣保罗的隶属于商业社会服务部（SESC）的庞培娱乐中心（1977—1986年）。此外，J. 格德斯（1932年生）因其为自己设计的位于圣保罗的私人住宅（1971年）、S. 贝尔纳德斯因他设计的位于帕拉伊巴州若昂佩索阿市的奇特的坦巴乌饭店（1970—1975年）而跻身著名建筑师的行列。

矗立于布宜诺斯艾利斯的三座建筑是20世纪60年代阿根廷建筑的代表，这三座建筑中有两座是由C. 特斯塔（1923年生）设计的，即抵押银行（原伦敦银行）和国家图书馆，另一座是由F. 曼特奥拉、J. S. 戈麦斯、J. 桑托斯、J. 索尔索纳和C. 萨拉伯瑞建筑师事务所设计，即阿根廷国家电视台（ATC）大楼。

特斯塔不仅是杰出的艺术家，也是当代建筑大师之一，他的作品因其所具备的由钢筋混凝土带来的形状上的杰出可塑性以及巧妙的空间利用概念而令人赞叹不已。特斯塔与SEPRA事务所合作设计的抵押银行（1966年）位于布宜诺斯艾利斯繁华的金融区，但设计师在银行所矗立的街角位置开辟了一座广场，这使得银行大楼显得格外突出。

国家图书馆的历史可以说是阿根廷不稳定的社会生活的缩影。特斯塔的这项与F. 布尔里奇和A. 卡萨尼加合作的工程在1962年获得批准，建设工程于1971年开始，但直到1992年才竣工，第二年才投入使用。但这种长达20多年的等待却丝毫也没有降低这座建筑的外观价值，以及它作为布宜诺斯艾利斯城市建筑里程碑所具有的意义。

由J. 索尔索纳（1931年生）领导的小组设计的阿根廷国家电视台大楼也有权成为城市建设财富中的一个特殊代表。这座建筑遵循着为周边的公园提供更多空间的宗旨建造而成，大楼被设置在这个环境中，其自身特点和实用功能没有受到丝毫影响。同样的，充分利用空间的宗旨在银海游泳馆（1994年）的设计中也能看到，这座游泳馆的主要设计思想是将所需的两个游泳池修建在地面以上。

在我们所选建筑物的名单中，还要加上马德普拉塔足球场（1978年），它是由A. 安托尼尼、G. 舒恩和E. 森伯拉恩在1961年成立的建筑师事务所设计建造的。该足球场因人们可以方便地进场和自由地往来而著称于世。

最后，我们还有必要提到委内瑞拉建筑师J. M. 加利斯的作品，秘鲁建筑师J. G. 布莱西以及F. C. 略萨、A. 格拉尼亚、E. 尼可里尼事务所的作品，玻利维亚建筑师G. M. 阿纳亚的作品，还有厄瓜多尔建筑师O. 瓦彭斯坦的作品。

十一

接下来，我们会提到一些建筑师和他们创作的作品，他们是：墨西哥的F. 诺滕（电视服务大楼，1994年）和M. 许耶特南（索齐米尔科生态公园，1992年），哥伦比亚的L. 弗雷罗（1938年生；设计过位于麦德林的拉莫塔住宅区，1987年），智利的C. 德.格鲁特（智利圣地亚哥的神鹰之家，1995年）、秘鲁的B. F. 布雷西亚（定居美国）和J. 巴拉科，委内瑞拉的J. 阿尔库克和C. G. 德·耶雷纳。

在20世纪80年代和90年代，巴西较为突出的建筑师有：S. M. 波尔托（亚马孙州的巴尔毕那环境保护中心）、E. 马亚和M. J. 德·巴斯孔塞略斯（米纳斯吉拉斯州贝洛奥里藏特的中央办公大楼）、L. P. 孔德（圣保罗州奥萨斯库的布拉德斯科基金女子学校）、R. 阿弗拉洛和G. 加斯佩里尼（圣保罗市的花旗银行中央办公大楼）、P. M. 达·罗恰（圣保罗的“马里利萨拉斯萨姆”雕塑博物馆，1995年）。在乌拉圭，吉耶尔莫·戈麦斯·普拉特罗事务所以给蒙得维的亚购物中心（1983年）所做的设计开辟了当代建筑模式的历史。

在阿根廷，建筑领域有两件影响很大的事情，即河岸火车站和马德罗港区的城市化建设。

在马德罗港区的城市化建设中，布宜诺斯艾利斯市又重新获得了它于1887年至1898年间建造在拉普拉塔河上的第一个港口所占的170公顷的土地。这块土地的一半是住宅建筑，另一半是公共场所（公园、散步场所、街道、池塘）。城市的东界原来截止到港口处，但现在可以一直延伸到帕尔塔[16]。

这项建设工程的最初阶段是1992年到1997年间对堤坝西边的16座旧仓库的整修再利用，有多家建筑师行都参与了这项工程，如杜霍夫内–赫施事务所，曼特奥拉、戈麦斯、桑托斯、索尔索纳和萨拉伯瑞事务所，迭戈、佩拉尔塔、拉莫斯事务所，鲍迪索内、雷斯塔德、瓦拉斯事务所以及E. 阿尔图那和合作者事务所。

随着初始阶段工程的竣工，建成的办公楼、住宅、大学教室、电影院、餐馆和咖啡馆等为这个地区带来了勃勃生机。为此，布宜诺斯艾利斯市政府将其定为该市的第47区。

从1998年开始，便开始了港区城市建设的第二阶段。这一阶段的工程主要是利用河堤东边的93公顷土地进行建设（其中，45公顷土地用于房屋建设，另外48公顷用于公共场所建设），在这里将建造起旅馆、博物馆、一座体育场、两个会议中心、一个大型商场、电影院、办公楼和住宅。这些建筑工程将由马里奥、罗伯托、阿尔瓦雷斯事务所和参与过第一阶段建设的其他事务所共同设计建造。

至于河岸火车站的建设（1993—1995年），则是在恢复了1961年取消的布宜诺斯艾利斯城市北郊延伸15公里的铁路运行之外，又以铁路服务和车站为基础，发展出一个娱乐、商业的联合企业，为拉普拉塔河周边的一大片地区带来了活力。这项工程的总体设计和三个火车站的设计是由两名年轻的建筑师完成的，他们是J. E. 费费尔和O. 苏尔多。此外，D. F. 圣马丁和M. 洛内事务所也参与了这项工程的设计。

最后，在20世纪80年代和90年代的建筑中，我们要特别提到M. A. 罗加（1940年生）的作品，他的作品中有相当一部分都位于阿根廷城市科尔多瓦。罗加就出生在科尔多瓦，并在那里得到建筑师的文凭，后来他又前往费城，在路易斯·康的指导下进修。罗加在科尔多瓦城市改造工程中所进行的工作是卓有成效并富有想象力的，例如他将对传统建筑的新看法同对新技术、新形式的推行结合起来，并通过这种方式将原来的圣文森特市场改造成文化中心（1980—1985年）。

我们还必须指出成立于20世纪70年代的R. 列尔和A. 通科诺基事务所的设计成果。在他们的建筑作品中，较为突出的有泛美广场办公塔楼。这座建筑位于城市边缘，呈椭圆形，外墙全部使用玻璃幕墙。

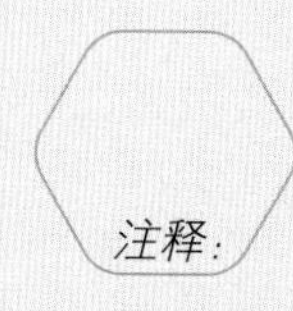

注释:

1. 拉美国家曾经四次试图建立联盟，但均告失败。这四次努力为：巴拿马会议（1826年，由玻利瓦尔倡导召开）、利马大会（1847—1848年）、智利圣地亚哥会议（1856年）以及第二次利马大会（1864—1865年）。
2. 尽管长期处于美国的统治下，波多黎各仍然保持了其拉美特色。1991年制定的一项法律规定，西班牙语是该岛唯一的官方语言，这使得波多黎各人民在这一年获得了由西班牙颁发的一项“阿斯图里亚斯亲王奖”。但是，一些支持同美国保持更密切关系的人在1992年制定了另一条规定，使英语成为波多黎各的第二种官方语言。
3. 当然，我们要把格陵兰岛排除在外，该岛在10世纪末到15世纪末期间是挪威人的殖民地，从1721年起成为丹麦的殖民地。中世纪时代的欧洲却丝毫不知道这个大岛的南边延伸着一片大陆。
4. 玛雅人的天文学知识非常丰富、精确，在16世纪以前，是当时的欧洲所无法超越的。此外，玛雅人的数学计算方法也非常先进：在公元初年，他们就先于印度人（6世纪）发明了数字“零”和假设的原则，使得算术运算更为简便。在克丘亚土地上延伸着许多道路，而在16世纪的欧洲，根本找不到类似的工程，唯一比那些道路古老的工程则要追溯到罗马帝国时期。A. 冯·汉波尔特在1802年考察过拉美的那些大道，他曾说：“这是人类迄今为止所建造的最有用、规模最大的工程。”
5. “穆德哈”（源自阿拉伯语mudilajat，为“臣属的，从属的”之意）是一种建立在基督教和伊斯兰教混合因素基础之上的建筑和装饰风格，14世纪、15世纪和16世纪在西班牙得到很大发展。“穆德哈”风格的建筑影响了以后的“仿银器装饰风格”和“巴洛克艺术风格”。
6. 拉普拉塔取代布宜诺斯艾利斯成为大布宜诺斯艾利斯省首府，布宜诺斯艾利斯在1880年年底成为阿根廷首都；贝洛奥里藏特（原名为“米那斯城”，1901年改为此名）则取代奥罗布雷托成为州首府。
7. 实物全景参见《拉丁美洲的装饰派艺术》，“里约热内卢市区”，1997年。
8. R. 罗哈斯，阿根廷思想家、历史学家，其思想大大推动了拉美地域主义文化的繁荣发展，地域主义文化的一个分支便是新殖民主义建筑风格，他曾在他的名为《埃乌林迪亚》的概念释义手册中说：“建筑终将会成为一种对社会生活的有机表达，我们的生活已不再是‘殖民地的’或是‘西班牙’的生活，……一些年轻人也许希望去模仿印加的、阿兹特克的和卡尔查基的东西，至少是为了装饰打扮；但我们已不应该去模仿、抄袭，而是去创造……”
9. 参见A. 阿马拉尔主编《新殖民主义建筑》，“圣保罗，拉丁美洲的基本备忘录”，1994年。
10. 费加里所著的相关文章参见《教育与艺术》一书（蒙得维的亚，阿尔蒂卡斯图书馆，1965年）。早在1925年，在布宜诺斯艾利斯，为了捍卫自己的“一体化的美洲主义”的思想，坚持建立一种“我们是美洲人”的意识的必要性，费加里曾说：“人们几乎没有考虑过，也没有幻想过要建立起一种正规的途径，来使拉丁美洲的各国人民之间相互了解，相互靠近。”
11. 甚至在这座建筑的纪念牌上都写道，其“独特的设计”应归功于勒·柯布西耶。
12. 佐尼斯和雷法伊福雷在对历史上的前辈进行介绍时，没有提到费加里及其理论，而是强调了L. 穆福特在1947年提出的北美洲地域主义的思想，后者将他设计的位于加利福尼亚旧金山湾地区的建筑风格称为“海湾地区风格”，在这种风格中体现了自己的理论思想。那时，穆福特坚持认为地域主义是对现代主义运动的证明，也反击了所有对国际化风格的歪曲。

13...勒·柯布西耶曾于 1941 年应邀担任布宜诺斯艾利斯城市规划顾问，但是包含他设计成果的有关文件直至 1947 年才得以发表。此前，这个城市的规划从未采纳过这位大师的构想。

14...我们应该了解到，位于阿根廷西北部的图库曼大学城（图库曼国立大学所在地）是由 A. 萨克里斯特、维万科和 A. 卡塔拉诺在 1948 年到 1950 年间设计的。1952 年，在刚刚建成了一些个人和集体住宅楼及一所护士学校后，图库曼大学城的建设曾被打断。

15...SEPRA 建筑师事务所在其创始人去世后，于 1987 年分成了三个建筑公司，分别由 D. P. 拉莫斯、埃利亚和瓦雷拉领导。

16...除了马德罗港口，布宜诺斯艾利斯还有另一个港口——韦尔戈港（或新港）。该港口位于布宜诺斯艾利斯市的东北部，于 1911 年到 1919 年间修建，但其最后建成是在 1926 年。

# 项…目…评…介

第 2 卷

# 拉丁美洲

*1900—1919*

# 1. 国家美术学院

*地点：里约热内卢，巴西*
*建筑师：A. M. D. L. 里奥斯*
*设计/建造年代：1904*

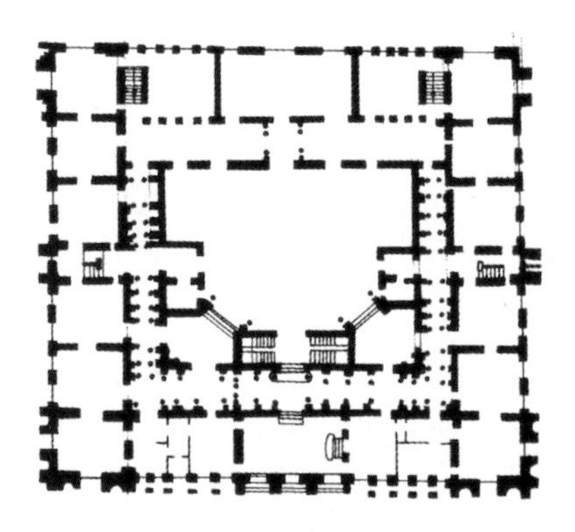

← 1 平面图

1903年到1907年间，里约热内卢还是巴西的首都。这个期间实施的“里约热内卢新城市规划”中最重要的部分就是中央大街，即今天的里奥布兰科大街，它也成为20世纪初在远离欧洲的国家为实现建筑的现代化过程而建造的具有标志性的力作。

大街两旁的建筑是按一个“临街建筑正立面设计比赛”的获奖作品进行布局的。一座座建筑风格各异，均带有“折中主义”色彩。在那些久经岁月侵蚀而依然故我的最重要的建筑当中，尤为突出的有F. D. O. 帕索斯设计的城市剧院（1904年建成），F. M. D. S. 阿吉亚尔设计的国家图书馆（1904年建成）和定居巴西的西班牙建筑师A. M. D. L. 里奥斯设计的国家美术学院。

国家美术学院成立于1826年，原名为皇家美术学院，一直位于由法国人G. 德·蒙蒂格尼设计的一幢建筑中。学院新楼毗邻城市剧院，位于中央大街上最显赫的位置，这充分显示了学院的重要性。它的布局呈四方形，这是由展廊决定的。大楼的几个立面重现了欧洲的建筑模式，其中主立面模仿了卢浮宫的正立面，其他立面则显现了意大利文艺复兴时期的风格。一个比原设计更加巨大的穹顶使这座位于大街轴线上的建筑以曲线状的外形更为出众。如今，这幢建筑已成为国家美术馆。

↑ 2 外观
→ 3 立面图

## 2. 国民议会

> *地点：布宜诺斯艾利斯，阿根廷*
> *建筑师：V. 梅阿诺*
> *设计／建造年代：1906*

↑ 1 映在另一建筑玻璃幕墙上的穹顶景观
→ 2 外观

V. 梅阿诺（1854—1904年）在图林获得了建筑师文凭，在1884年定居布宜诺斯艾利斯，并在1895年为设计国民议会而举行的国际比赛中获一等奖。对国民议会大楼的建设开始于1898年，梅阿诺在1904年遇害身亡。而立法宫直到1906年5月12日才建成投入使用。议会建筑除了带有那个时代对这种国家机关建筑所要求的庄严和壮观，梅阿诺的设计还突出了它的均衡性和稳定性，设计师将议会的底层设在主立面灰色花岗岩的台基上，在一层的基础上，建造了具有柱式立面的两个楼层，上面的第四层则形成一个阁楼。但整座建筑中最具意义的因素却是那个铜制圆屋顶，它建在一个由主要楼层和四个突出的部分围成的圆形鼓面上。

占据了整整一个街区的国民议会矗立在一个宽阔的广场旁边，从这里穿过城市里最古老的“五月大街”（1894年），可以到达1.5公里之外的总统府。

## 3. 科隆剧院

*地点：布宜诺斯艾利斯，阿根廷*
*建筑师：F. 坦布里尼，V. 梅阿诺，J. 多麦尔*
*设计/建造年代：1908*

作为那不勒斯学院的教授，F. 坦布里尼曾在阿根廷生活了十年，直到1891年逝世。坦布里尼曾设计了位于布宜诺斯艾利斯市中心五月广场对面的总统府（1884—1898年）。科隆剧院的设计完成于1889年，但坦布里尼死后，该设计经过了V. 梅阿诺的修改。正像梅阿诺所写的："通过修改，可以使这座建筑将意大利文艺复兴建筑的一般特点，德国建筑的坚固和巧妙布局，以及法国建筑中优雅、多样和大方的修饰集于一身。"梅阿诺在1904年遇害后，比利时建筑师J. 多麦尔又承担了这项工作，他在内部装修中完全采用了古典装饰风格，而剧院的外部建设仍采用了坦布里尼所提出的朴素、文雅的风格。

科隆剧院在1908年5月24日投入使用，它是世界上最著名的歌剧院之一，可容纳3500位观众，音响效果也出类拔萃。

个 1 外观

# 4. 圣马丁宫

*地点：布宜诺斯艾利斯，阿根廷*
*建筑师：A. 克里斯托弗森*
*设计/建造年代：1909*

具有挪威血统的A. 克里斯托弗森（1866—1946年）是20世纪头25年阿根廷最重要的建筑师。1888年，从布鲁塞尔皇家艺术学院毕业后，克里斯托弗森定居于阿根廷。在克里斯托弗森那些可反映出其杰出技巧和丰富想象力的设计中，折中主义与其说是一种风格的混合，不如说是一种贡献。在他数量众多的设计作品中，圣马丁宫显得尤为突出。这座建于1909年的建筑原是M. C. 德·安丘雷纳的住宅，但从1936年起，它成为外交部的所在地，并在那时被命名为“圣马丁宫”。这座包括了三座住宅的建筑，反映了空间与建筑实体的对比：建筑的正立面朝向一个长满树木的广场，显露出一个低矮的门廊，两座对称的亭子，通过一道连着走廊的楼梯可以进入亭子，楼梯围绕着一个几乎呈椭圆形的很吸引人的会客区，其后部朝向另一座亭子。

↑ 1 外观

# 5. 众议院

*地点：墨西哥城，墨西哥*
*建筑师：M. 坎普斯*
*设计/建造年代：1910*

↑ 1 细部
→ 2 外观

1910年，为了纪念墨西哥独立100周年，建造了一大批建筑，以体现这个国家的发展。人们之所以修建议会设施，是为了通过建设一个专门的立法场所来强调民主的来临。由于该建筑位于一个仍保持着新西班牙总督辖区时期建设模式的城市的中心，建筑入口就很难安排。最后是这样解决的：在建筑的一角修建宫殿式建筑，并在其前面开辟一个广场，这样就能确定入口的位置，并且可以使建筑物的新古典主义风格的正立面保持其对称性。入口里面是一个非常重要的会议厅，这里被用来召开城市代表大会。此外，整座建筑物还附有立法委员们的办公室以及各种服务设施。

1911 CAMARA DE DIPUTADOS 1952

# 6. 吉祥住宅区

*地点：墨西哥城，墨西哥*
*建筑师：M. A. 德・格维多*
*设计/建造年代：1913*

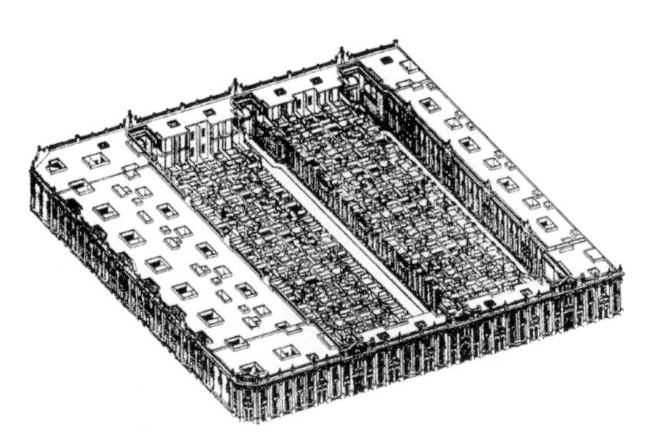

← 1 鸟瞰图
↓ 2 外观之一
→ 3 外观之二

作为工人们的一项福利，“美声”烟草工厂建立了这片很有意思的住宅建筑区。住宅区的面积很大，几乎占了整整一个大街区，那里的交通系统主要建立在三条平行的人行道路的基础之上。这片住宅区的城市概念以及它的外部特征都符合当时建筑学方面的学术要求，同时，对于住宅实用性的解决还反映了一种现代思想。实际上，工程师M. A. 德・格维多提出了多种住宅的设计方案，将公寓楼安排在建筑群的外缘，而将一系列个人别墅式的住宅安排在马斯克塔、伊德阿尔、卡梅里亚等街区内部的街道边。除此之外，建筑空间的布局都体现了20世纪初社会思想和家居工艺技术的进步。

# 7. 法国大使馆

*地点：布宜诺斯艾利斯，阿根廷*
*建筑师：P. 帕特*
*设计 / 建造年代：1914*

法国建筑师P. 帕特（1881—1966年）于20世纪初来到阿根廷，在这里居住，直到他85岁时去世。他是法国艺术风格的杰出代表者，他最重要的作品之一就是自1939年起成为驻阿根廷的法国大使馆的建筑物。这座建筑在1914年建成时，是D. 奥尔蒂斯的住宅。这座住宅位于街区一角，穹顶创造了一个变化的立面形象，房屋有独立的顶棚，不论是铁制门栏，还是隅撑和装饰线条，采取的修饰风格都很简朴、细致。

房屋的内部装修由詹森负责实施。后来，为了扩建“7月9日”大道，这个街区的其他建筑都被拆毁，只有法国大使馆留存下来，在这一街区显得格外突出。1994年，使馆原来作为通墙的南立面被改建，使其与该建筑的其他部分和谐一致。

个 1 外观

# 8. 市剧院

*地点：卡利，哥伦比亚*
*建筑师：波雷罗，奥斯皮纳*
*设计/建造年代：1918*

↑ 1 细部

这是20世纪初在哥伦比亚修建的少数几座新古典主义风格的剧院之一。将剧院大厅设计成马蹄形遵循了新古典主义确立的建筑原则。大厅内部装修豪华，楣梁底部色彩鲜艳。剧院的公共空间，特别是剧场休息室则根据当时的美学准则进行装饰，后来又依据现代思想重新改装。在正立面的处理上，较为突出的是中间大门旁的四根巨大立柱。

↑ 2 外观

# 9. 伦东・佩尼切医院

*地点：梅里达，墨西哥*
*建筑师：M. 阿马比利斯，G. 威布*
*设计/建造年代：1919*

← 1 立面图

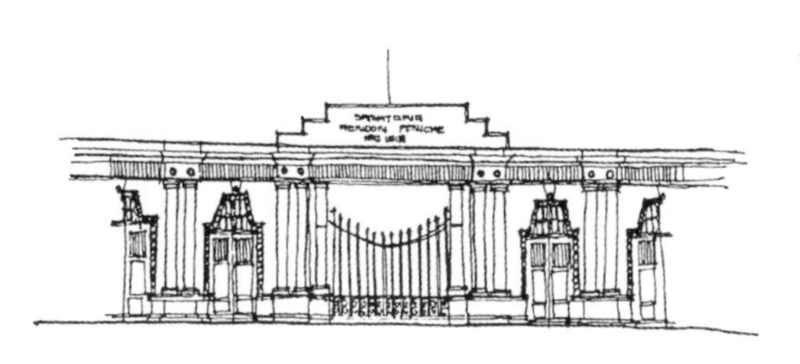

↑ 2 细部
↑ 3 外观
→ 4 平面图

作为20世纪初折中主义建筑的独特代表，同时为了体现墨西哥革命后觉醒的民族主义精神，这座医院的设计采用了新玛雅风格。尤卡坦半岛曾是玛雅文化繁荣发展的地方，所以将新玛雅风格早期代表建筑之一修建在这里，并不是一件难以理解的事情。从另一方面也可以看出，这座建筑不仅在建筑技术上，而且在设计上都非常清楚地显示了那个时代的进步和发展。整座建筑的布局以两条直交的轴线为基础，正厅被与中央院落相通的入口门廊对称地分开。这座医院在建筑上的主要贡献还在于其工作区域的设计，因为建筑师们懂得这是处于热带地区的医院，所以他们寻求了一些适应当地气候条件的设计手法。

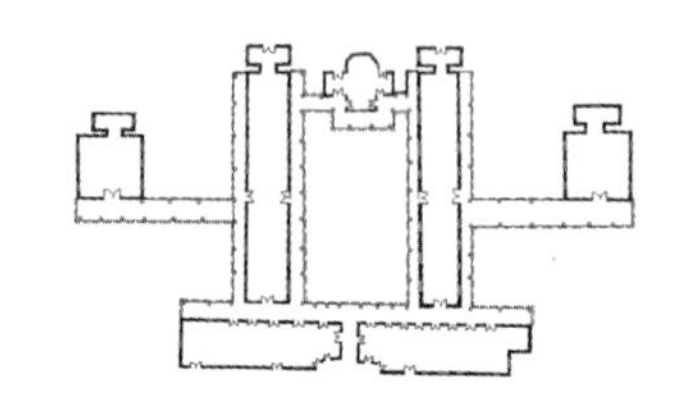

↑ 5 外观局部

# 第 2 卷

## 拉丁美洲

*1920—1939*

# 10. 海关总署

> *地点：巴兰基亚，哥伦比亚*
> *建筑师：L. 阿尔博维恩*
> *设计 / 建造年代：1920*

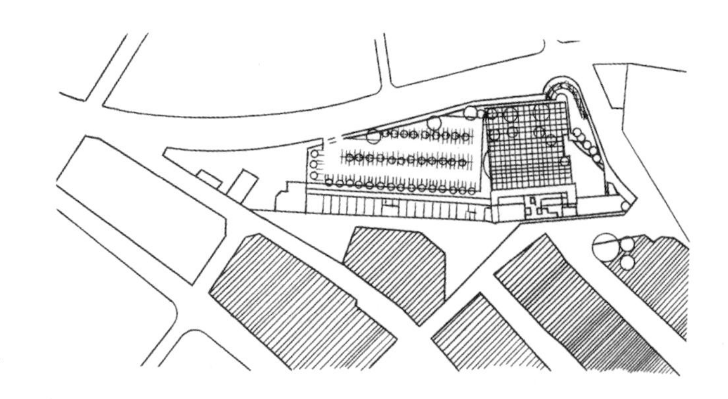

→ 1 总平面图
↓ 2 建筑另一面的景观

巴兰基亚是哥伦比亚北部加勒比海沿岸的主要港口。在它的黄金时代——20世纪最初的30年间——该城修建了许多代表了当时的折中主义风格的优秀建筑作品。如今已被用作图书馆和博物馆的原海关总署大楼在当时是巴兰基亚最重要的建筑之一，并同联结该城和哥伦比亚港的铁路车站结合成一个整体。建筑的正立面有一个新古典主义风格的门廊，那里是通向大楼内部的入口。从大楼的主体延伸出两座配楼，均有圆形屋顶。该建筑由被装饰掩盖起来的钢筋混凝土材料建成。

↑ 3外观

# 11. 塞万提斯剧院

*地点：布宜诺斯艾利斯，阿根廷*
*建筑师：F. 阿兰达，B. 雷佩托*
*设计/建造年代：1921*

↑ 1 细部

塞万提斯剧院是殖民地主义早期建筑作品之一。殖民地主义又被称为"殖民地文艺复兴"，不仅在阿根廷，在整个拉丁美洲都有表现。但在这里要指出的是，塞万提斯剧院是由两位在阿根廷取得巨大成就的西班牙戏剧演员出资建造的。塞万提斯剧院的建筑师F. 阿兰达（1882—1959年），生于塞维利亚，他与合作者B. 雷佩托一起，让剧院的正立面重现了埃纳雷斯在阿尔卡拉大学的正立面设计，使其更适合街角的位置。剧院的内部装修、陈设均奉行统一的建筑风格。剧院于1921年交付使用，1926年收归政府所有。1961年的一场大火差点儿将这座建筑全部烧毁，庆幸的是大厅得以完整地保存下来。被烧毁的部分由M. R. 阿尔瓦雷斯设计的一座高层建筑所取代。他又建造了化妆室、排练厅和其他一些设施，扩大了剧院的范围。1969年，阿尔瓦雷斯设计的部分（共17层，占地10500平方米）竣工后，塞万提斯剧院得以重新开放。

↑ 2 外观

# 12. 波士顿银行

地点：布宜诺斯艾利斯，阿根廷
建筑师：P. B. 钱伯斯，L. N. 托马斯
设计／建造年代：1924

↑ 1 正立面景观

英国建筑师P. B. 钱伯斯（1868—1930年）在1896年到1926年间，美国建筑师L. N. 托马斯（1878—1961年）在1901年到20世纪30年代初，都曾在阿根廷工作、生活。他们两人合作设计了相当数量的建筑作品，其中，最著名的就是他们同美国的约克-索约事务所合作设计的波士顿银行（1921—1924年）。这座建筑采用了当时在拉丁美洲和美国（南加利福尼亚和佛罗里达的一些地区）都很流行的新殖民主义风格。波士顿银行那“仿银器装饰风格”的正立面的设计灵感来源于西班牙的三座建筑：圣马可修道院（莱昂）、圣地亚哥·德·孔波斯特拉大教堂藏书室以及圣十字医院（托莱多）。波士顿银行位于街角，有一个由瓦片覆盖的圆形屋顶。

↑ 2 外观

# 13. 国会大厦

*地点：波哥大，哥伦比亚*
*建筑师：T. 里德*
*设计/建造年代：1847—1926*

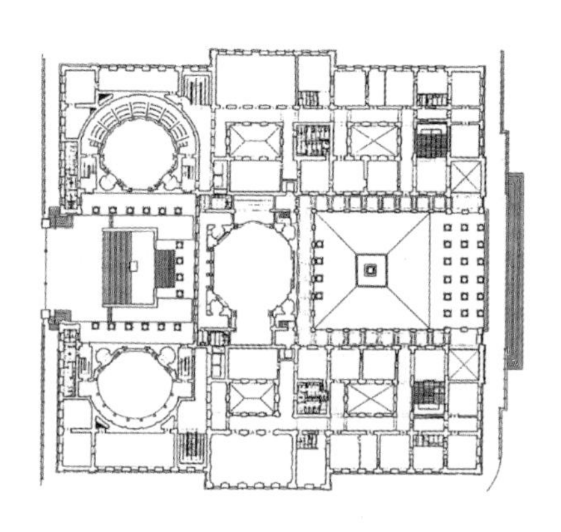

← 1 底层平面图
↓ 2 剖面图

在波哥大玻利瓦尔广场的南边修建立法和行政机关建筑的建议是由总统T. C. 德·莫斯克拉提出的。原始设计方案则是由出生在圣克罗伊岛的建筑师T. 里德完成的。

工程开始于1847年，持续了差不多80年。其间由下列建筑师经过几次增扩建和改造：F. 奥拉亚（1871年），M. 隆巴尔迪（1879年），P. 康梯尼（1881年），J. 勒拉齐和M. 桑塔玛利亚（1908年），A. 曼里克（1924年）。

建筑采用的是简朴的新古典主义风格，是哥伦比亚共和国时期最优秀的作品，也是波哥大市最具建筑学研究价值的建筑之一。广场边上的门廊设计是处理建筑主体与公共空间关系的绝妙范例。

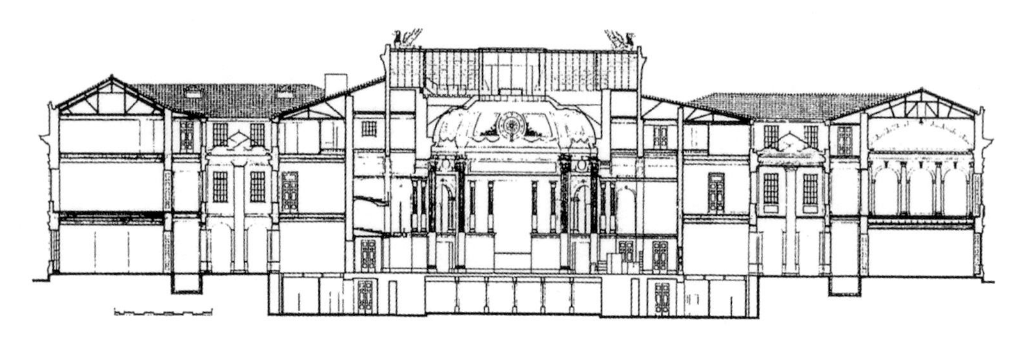

↑ 3 外观
↓ 4 剖面图

# 14.“普拉塔的公正”大楼

*地点：布宜诺斯艾利斯，阿根廷*
*建筑师：A. 维拉索罗*
*设计 / 建造年代：1929*

在1919年到1932年间，A. 维拉索罗（1892—1973年）完成了他数量众多的建筑作品，尽管维拉索罗本人曾否认同1925年在巴黎举行的传奇式博览会所宣传的模式有任何关联，但他的作品还是标志了装饰派艺术在阿根廷乃至整个拉丁美洲的开始和发展。维拉索罗的所作所为已经超越了那些传统的建筑师事务所的各种工作范围。他成立了设计、建造、装潢和道路铺装公司，这家公司可以完成他所设计的建筑作品中除电梯安装等特别工程之外所有的建设项目。在他所设计的一件杰出的作品——位于布宜诺斯艾利斯商业区中心的“普拉塔的公正”大楼（1929年投入使用）中，维拉索罗启用了他那家由97名雇员、14名设计师、5名工程师和1500名工人组成的公司。这是一座写字楼，在其正立面的设计中，维拉索罗采用了建立在数学原则基础之上的“清晰的立体布局”和“高雅简洁的线条”，这使得装饰不再华光异彩，而是与建筑本身融为一体，成为建筑的一个组成部分。维拉索罗的装饰派艺术以其庄重的风格而成为一种新的建筑流派，并预示了理性主义的到来。

↑ 1 外观

# 15. 瓜亚基尔市政厅

*地点：瓜亚基尔，厄瓜多尔*
*建筑师：F. 马卡费里*
*设计 / 建造年代：1929*

瓜亚基尔市没有16世纪及其后的哥特式、巴洛克式或洛可可式的建筑。它是一座建于20世纪的城市，既有当代的、折中主义的形式，也为某种历史风格的复兴提供了场所和机会。由F. 马卡费里在1923年设计的带有新古典主义风格的市政厅就是其中的代表。该建筑后来由“意大利建筑公司”在1928年10月建成，并于1929年2月27日投入使用。

市政厅的建筑有四个装饰性的角楼，它们没有什么实用功能，也没有起任何重要的结构上的作用。一条位于中轴线的通道沿东西方向将整个建筑分为两部分，并与瓜亚斯大道垂直相交。市政厅的建筑还有四个呈凯旋门状的立面，每一个立面三角楣上都有大理石的雕刻图案，立面两旁有同样庄严的侧楼梯。

今天的市政厅已经过重新修缮，增添了信息网络所需的新设施，同时还恢复了它原有的庄严、肃穆，成为代表该城市文化传统的建筑，令人赞叹不已。

↑ 1 外观

# 16. 卫生部

*地点：墨西哥城，墨西哥*
*建筑师：C. O. 桑塔西里亚*
*设计 / 建造年代：1929*

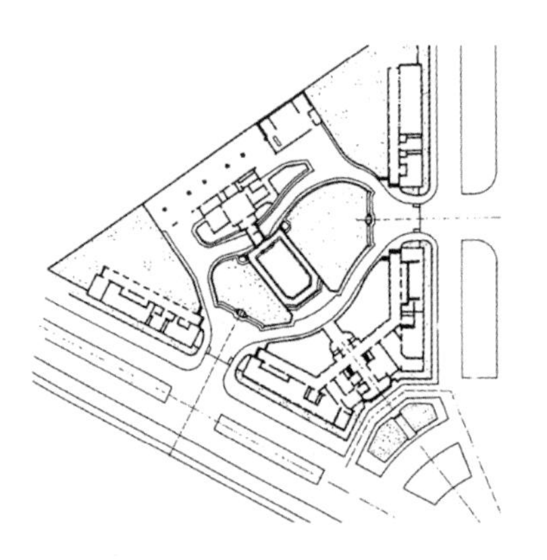

← 1 总平面图
↓ 2 外观之一

我们正面对着一片美轮美奂的建筑群，它的设计遵循了当时盛行的装饰派艺术风格。三角形的基地使各建筑物之间互相呼应，对称地排列在街道旁，并围绕着一个水池营造出花园式的环境。

主楼大门被修建在三角形的一个角上，正好对着城市的一条主要街道——改革大道。主楼通过两条新颖的架空走廊同另外两座建筑连接，这两条走廊的铜制外饰物与建

↑ 3 外观之二

→ 4 D. 里维拉的壁画

筑物本身所采用的庄重的灰色石料外墙形成了鲜明的对比。外表朴素的主楼内部镶嵌着彩色玻璃窗，还有著名画家D. 里维拉创作的一幅壁画。

# 17. 教育学院

*地点：里约热内卢，巴西*
*建筑师：J. M. 菲尔霍，L. 科斯塔*
*设计/建造年代：1930*

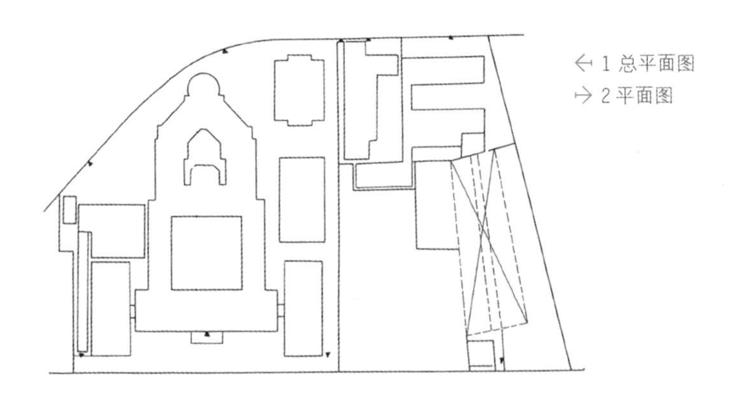

← 1 总平面图
→ 2 平面图

从圣保罗兴起的“新殖民主义”或称作“传统主义”的运动，是为了反对由那些被咖啡贸易吸引至巴西的欧洲移民带来的“折中主义”，这场运动在巴西的建筑领域掀起了一股重塑正统民族性的浪潮。资产阶级和政府当局分别以修建家园和举办国际博览会来支持“新殖民主义”运动，使其作为一种输出品被加以推广。1920年至1930年间，“新殖民主义”建筑成为巴西建筑式样的典范。

教育学院于1930年落成，被正式命名为“里约热内卢师范教育学校”，是“新殖民主义”运动的产物。J. M. 菲尔霍和L. 科斯塔为其设计的方案在参加设计竞赛的1926部作品中脱颖而出。学院具有与基督教会建筑相类似的特点，让人不禁联想起殖民时期巴西北部建造的耶稣学校和修道院。学院中央是一个院落，建筑围绕着院落呈扇形展开。院旁还有一道葡萄牙传统风格的三层游廊。

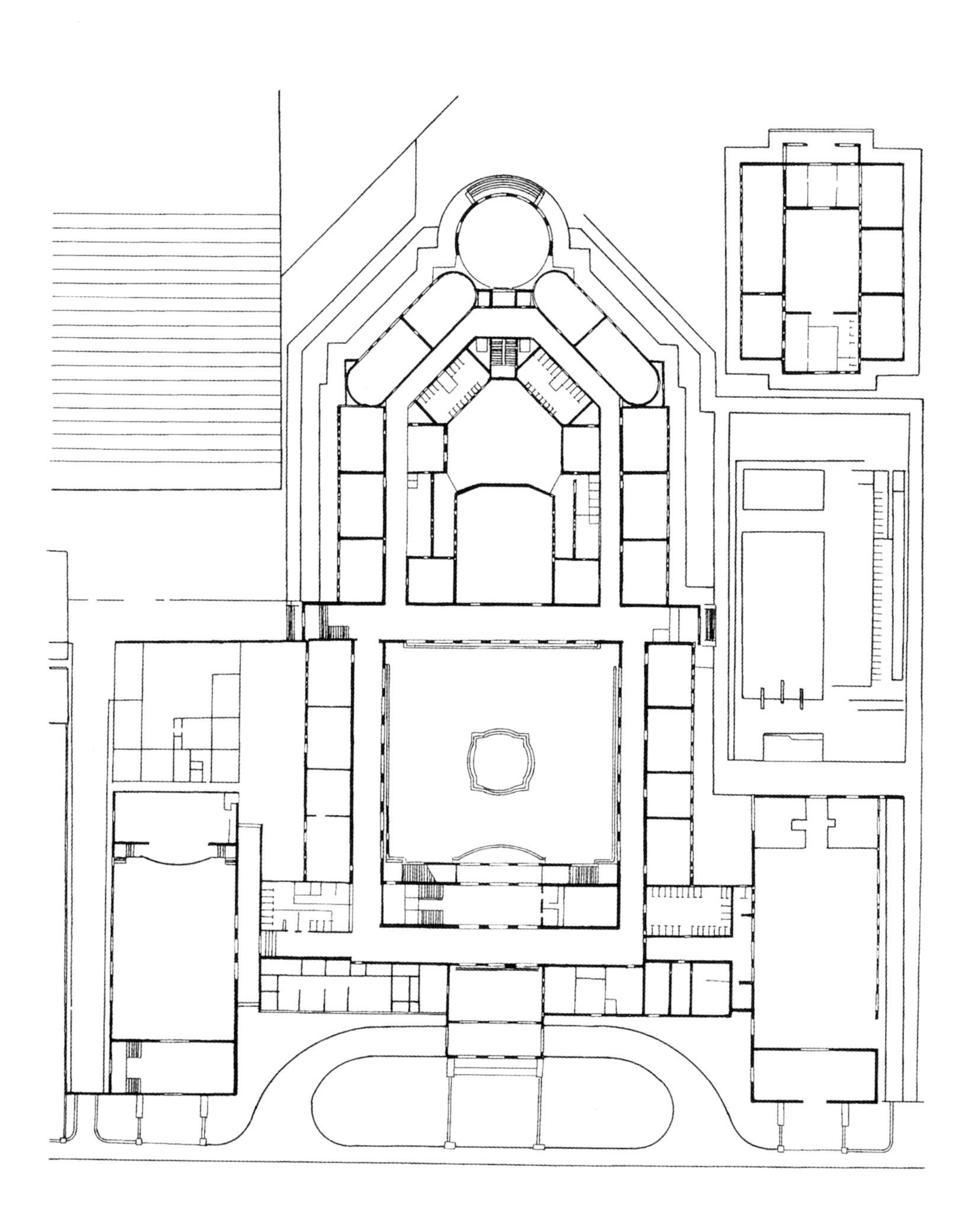

# 18. 巴卡尔迪大厦

*地点：哈瓦那，古巴*
*建筑师：E. R. 卡斯特尔斯，R. H. 鲁埃内斯，J. 梅仑德斯*
*设计/建造年代：1930*

这是哈瓦那市中心地区最高大的建筑之一，是20世纪20年代为巴卡尔迪公司建造的办公大楼。尽管如今环境已经发生了很大的变化，这座建筑还是能显现出它在加勒比地区装饰派艺术的发展过程中所起到的重要作用，以及建筑本身所具备的功用性和结构特点。这座大楼的建筑可以说是古巴建筑师对当时高层建筑模式的一个翻版，即在设计中采用建筑整体分级的办法和装饰派艺术风格的装饰手法，但在色彩的使用上采纳了一些具有地方特点的因素。建筑师们还吸收了纽约建筑倾向于多功能的特点，提出了一个包括办公室、商店和其他服务设施的设计方案。在这座大楼独特的塔楼上，仍然保留着公司的象征——一个蝙蝠形的标志。

↑ 1 外观

# 19. D. 里维拉与 F. 卡罗的住宅与工作室

*地点：墨西哥城，墨西哥*
*建筑师：J. 奥戈尔曼*
*设计/建造年代：1930*

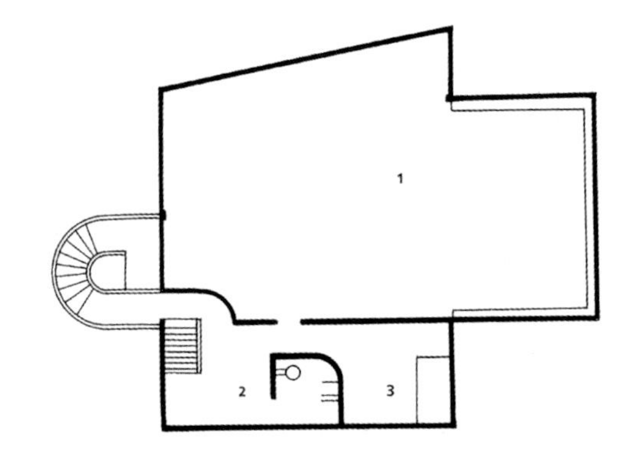


→ 1 二层平面图
（1. 工作室；2. 储藏室；3. 浴室）
↓ 2 底层平面图
（4. 有顶庭院；5. 卫生间）

毫无疑问，本建筑可以说是当时重新兴起的、以柯布西耶设计思想为主的实用主义流派保存至今的建筑物中最杰出的代表。全部建筑由两座独立的房屋构成，其间由屋顶平台上的一座架空走廊连接。此外，还有一间小工作室，曾是摄影师G. 卡罗的摄影暗房。属于D. 里维拉的那座房屋被粉刷成红色，外部有一道造型漂亮的楼梯，书房异常宽敞明亮。而属于他的夫人F. 卡罗的房屋面积较小，共分为三层，底层很宽敞，下面有立桩；这座房屋最开始时被粉刷成靛蓝色，与旁边那座房屋形成了鲜明的对比，但两座房屋的内部材料和陈设都很简朴。

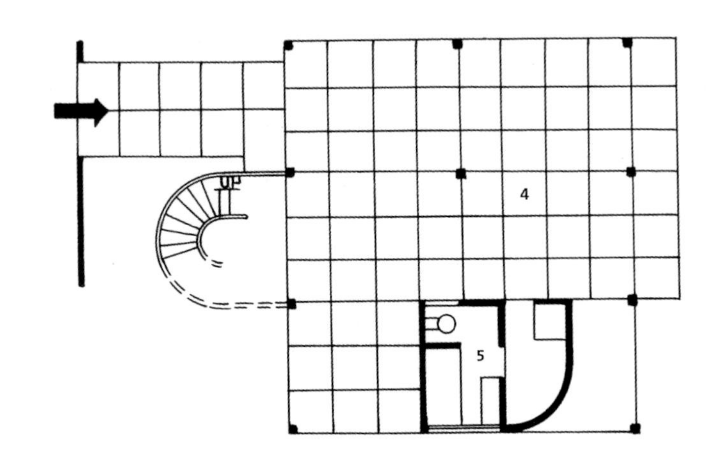

↑ 3 外观

← 4 室内
↓ 5 D. 里维拉的住宅工作室

# 20. 国家美术馆

*地点：布宜诺斯艾利斯，阿根廷*
*建筑师：A. 布斯蒂洛*
*设计/建造年代：1933*

“我是古典主义者，因为我生来就是为了成为一名古典主义者。”A. 布斯蒂洛（1889—1982年）曾这样说过。他的设计工作始自20世纪20年代后半期，并一直延续到50年代。然而，他对古典主义的热爱并没有妨碍他在设计中融合新殖民主义、波旁式样以及理性主义风格的生动形式，就像他在1929年为作家V. 奥坎波设计的被他自己称为“勒·柯布西耶式”住宅中所体现的那样。在国家美术馆的设计中，布斯蒂洛恢复了建于1870年左右的旧美术馆中为城市提供饮用水的抽水过滤设施的功能。他在外部设计中采用了古典主义建筑的一种方式——多立克式立柱的门廊，并为建筑的内部设计了宽敞明亮的空间、朴素的墙壁，这样可以使人们更好地欣赏展出的艺术品。这种设计在当时十分先进，直到今天，仍有其独到之处。布斯蒂洛在1933年完成了国家美术馆的设计建造，从那时起，美术馆又在此基础上进行了扩建。

MUSEO NACIONAL DE BELLAS ARTES
145
UNIFORM
TAOS
KANZAI
147
MIQUEL
NAVARRO
140
VII BIENAL DE
ARQUITECTURA
146
ARTE DEL
XIV AL XVIII
144
PREMIOS

个 1 外观

# 21. 司法宫

*地点：卡利，哥伦比亚*
*建筑师：J. 马登斯*
*设计/建造年代：1933*

1920年到1930年间，哥伦比亚建起了一大批供国家机关使用的公共建筑。国家公共建设部国有房产办公室将其中一些建筑的设计工作交给了定居哥伦比亚的外国建筑师。卡利的司法宫就是由J. 马登斯设计的，这位比利时建筑师还设计了那个时代的其他一些重要的建筑。司法宫的建筑几乎占据了卡利最大的凯塞多广场整整一边的空间。它的外观呈对称布局，主要入口在建筑的正中。这种布局的对称性又因中间部分高于两侧而备显突出。J. 马登斯采用了刻板的复折式屋顶，展现了他与法国古典主义建筑间割舍不断的联系。

↑ 1 外观局部

↑ 2 外观

# 22.“昆迪纳马卡”总统府

*地点：波哥大，哥伦比亚*
*建筑师：G. 莱拉齐，A. 哈拉米洛*
*设计/建造年代：1933*

从它的建成时间（1933年）看，“昆迪纳马卡”总统府是波哥大新古典主义建筑的晚期作品之一。这座大楼具有独特的建筑特点，其中较为突出的有内天井的设计和设有巨大楼梯的前厅，外部立面的水泥和石料工程的设计非常恰当，表现出折中主义风格。

↑ 1 外观局部

↑ 2 外观

# 23. 美术宫

*地点：墨西哥城，墨西哥*
*建筑师：A. 博阿里，F. 马里斯卡尔*
*设计 / 建造年代：1904—1934*

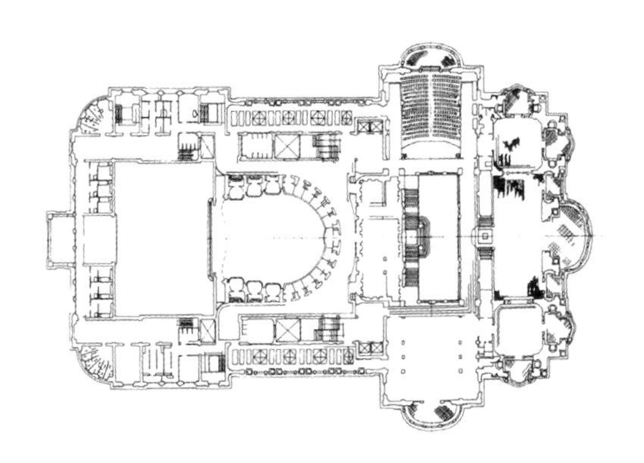

← 1 一层平面图
↓ 2 二层平面图

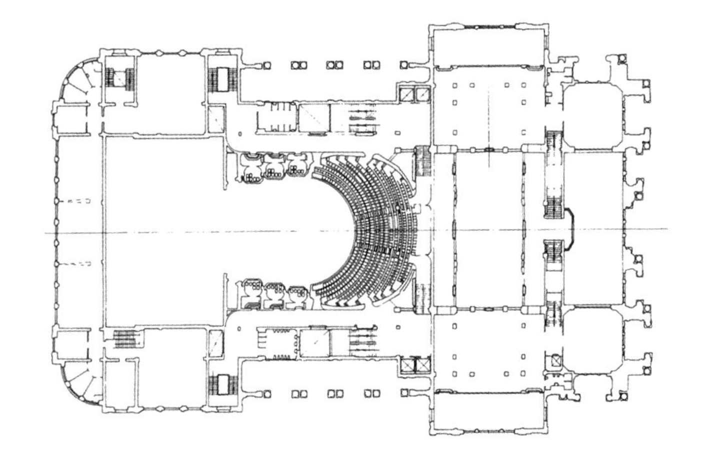

这座原来定名为“国家剧院”的建筑最初开始建设时遵循的是意大利建筑师A. 博阿里的设计方案，其主要设计思想是新拜占庭风格与新艺术风格的结合。这个设计方案包括一个宽敞的歌剧演出大厅、所有必要的服务设施、一个非常好的换景装置，还有一间宽敞的前庭暖房。根据当时的习惯，建筑中的许多装饰品都是从欧洲和美国订购的，其中不乏像G. 马罗蒂、A. 克

↑ 3外观

罗尔和L. 比斯托尔菲这样的艺术家的作品，甚至还有从纽约的蒂芙尼之家订购的艺术品。建设工程在墨西哥革命期间中断，1930年在F. 马里斯卡尔的领导下重新开始。马里斯卡尔对设计方案，特别是前庭的面积做了修改，修改后，设计师在前庭采用了装饰派艺术风格的修饰，其灵感来源于前哥伦布时期的艺术。

↑ 4 内景
→ 5 细部

# 24. 卡瓦那格公寓大楼

*地点：布宜诺斯艾利斯，阿根廷*
*建筑师：G. 桑切斯，J. 拉戈斯，J. M. 德・拉・托雷*
*设计/建造年代：1936*

G. 桑切斯（1881—1941年）、J. 拉戈斯（1890—1977年）及J. M. 德・拉・托雷（1890—1975年）事务所是20世纪30年代和40年代设计作品最多、最出色的建筑师事务所之一。

在尝试了历史主义的几种风格后，该事务所于20世纪30年代开始采用理性主义风格，但在后来，又回到了历史主义的建筑风格。他们的代表作品毫无疑问当数为C. 卡瓦那格设计的公寓大楼。这座建筑的基地呈三角形，面对圣马丁广场，位于布宜诺斯艾利斯市东部。大楼的设计非常出色，楼体呈阶梯状向中心升起；垂直多面体的设计和大楼窗户那富有韵律的对称性都是其突出的特点。这座高120米的大楼在一段时间内曾是拉丁美洲最高的建筑，也是世界上最大的混凝土结构建筑。这座30层大楼有107套公寓和位于地面一层的六个商场，总面积25000平方米。从1936年落成以来，卡瓦那格公寓大楼一直是布宜诺斯艾利斯市建筑的标志之一。

个 1 外观

# 25. 国家心脏病医学院

*地点：墨西哥城，墨西哥*
*建筑师：J. V. 加西亚*
*设计/建造年代：1937*

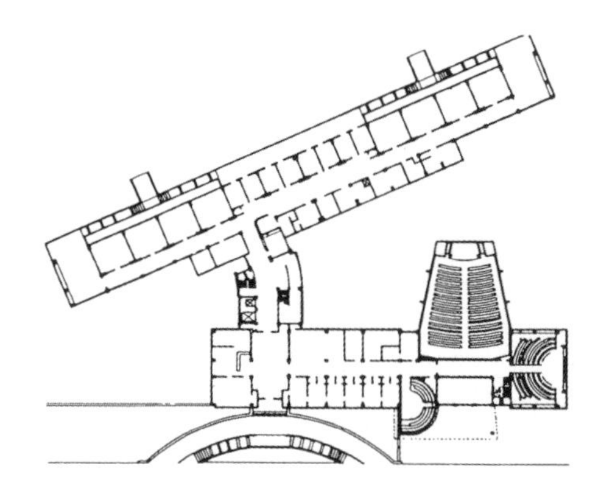

← 1 平面图
↓ 2 外观之一

这所医院是同类设施中最早建成的，集中了住院治疗、研究和门诊的各项功能。应该指出的是，这所医院的建筑设计是由建筑师J. V. 加西亚和医院的创立者I. 查维斯医生共同完成的，所以，建筑的效果令人非常满意。整个建筑主要由外科大楼和住院部两座主楼组成，楼体之间有架空走廊连接；其中，住院部大楼的建筑稍稍做了一些方位调整，这是为了使病人从病床上可以更好地看到窗外的景色。医院还拥有一座礼堂和几间教室，这是为了满足医院教学工作的需求。除此之外，还有一些便于医生、护士工作的设施，特别是入口处的那条坡道，可以使载有病人的车辆很方便地驶入医院。

↑ 3 外观之二
→ 4 外观之三

# 26. 智利大学法学院

*地点：圣地亚哥，智利*
*建筑师：J. 马丁内斯*
*设计/建造年代：1938*

位于圣地亚哥的智利大学法学院是J. 马丁内斯在1934年举行的一次竞赛中获优胜奖的设计作品。马丁内斯是出生在西班牙的智利建筑师，他在自己的作品中发展了一种非常个人化的建筑语言，将从不朽的古典主义、门德尔松的表现主义和实用理性主义中吸取的各种因素自由地结合起来。

混凝土结构的法学院被修建在马波丘河边，在一个公园的尽端。一个带有大台阶却极为简素的巨大门廊成为这一公园的终点。在北边有一座封闭的富有动感的圆柱形建筑，这就是大礼堂；在南面的角落，有一座独特的钟楼。在马波丘河南岸，有呈阶梯状的窗户，这些窗户显示建筑物里面的教室的布局走向。在建成60年后，法学院的建筑仍因其所具有的表现力和它与周围环境的和谐而使人赞叹不已。

↑ 1 外观

# 27. 国家图书馆

*地点：波哥大，哥伦比亚*
*建筑师：A. W. 费罗*
*设计/建造年代：1938*

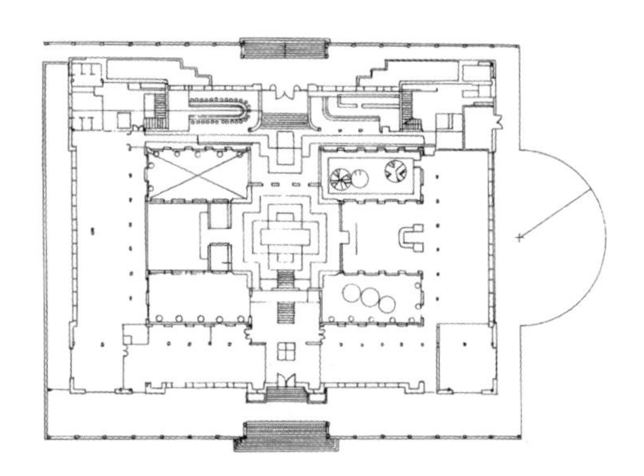

← 1 平面图

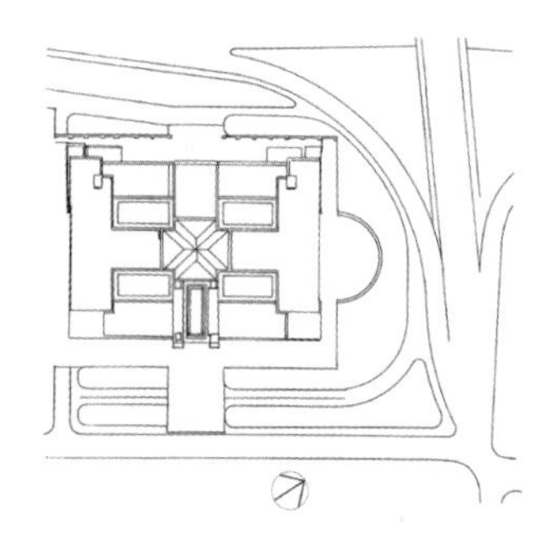

↑ 2 总平面图
← 3 外观局部

这座建筑被计划作为国家图书馆和博物馆。建筑呈对称布局，中心处有一个四层楼高的空间，通过一个彩色玻璃天棚来采光。这里曾是阅览室，今天，经过改造以后，这里已经成为主前厅。建筑外部的设计体现了现代派风格同装饰派艺术的结合。

↑ 4 外观
↓ 5 剖面图

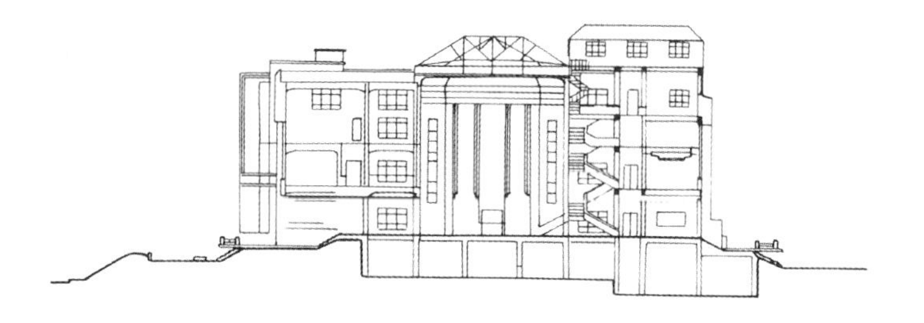

# 第 2 卷

## 拉丁美洲

*1940—1959*

# 28. 市政剧院

地点：波哥大，哥伦比亚
建筑师：F. T. 雷伊及合作者
设计/建造年代：1940

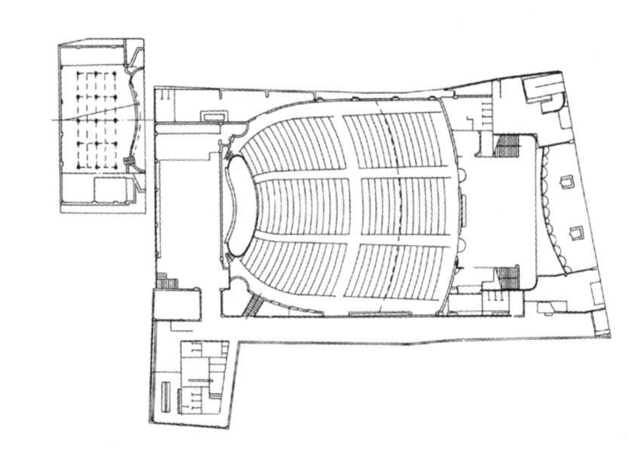

→ 1 平面图
↓ 2 剖面图
↓ 3 细部

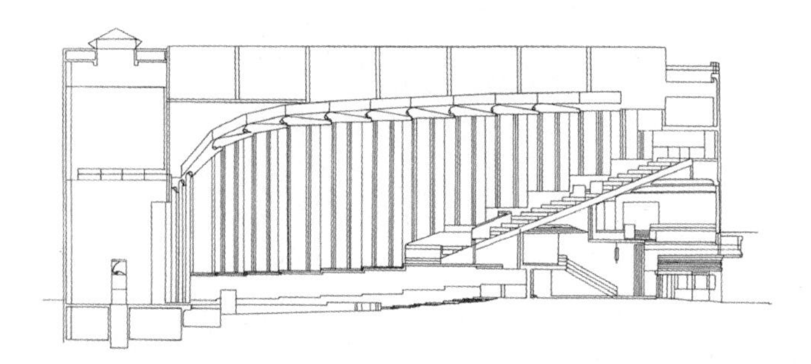

波哥大的市政剧院（原哥伦比亚剧院）是根据20世纪30年代在美国确立的模式设计的一所大型电影院。前厅和外部的设计是纯粹的装饰派艺术风格，该艺术流派曾在30年代影响了波哥大的建筑领域。剧院那由石材修建的正立面设计得很优美，建造得也非常出色。正立面上由雕塑家B. 维克雕刻的以自然界和戏剧为内容的浮雕作品显得非常突出。

↑ 4 外观

# 29. 卫生教育部总部大楼

*地点：里约热内卢，巴西*
*建筑师：L. 科斯塔及合作者*
*设计/建造年代：1936—1943*

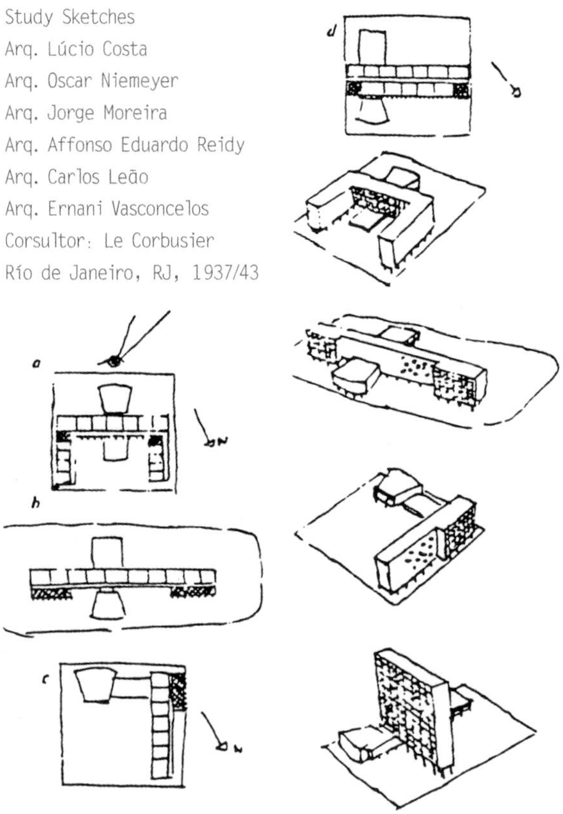

Study Sketches
Arq. Lúcio Costa
Arq. Oscar Niemeyer
Arq. Jorge Moreira
Arq. Affonso Eduardo Reidy
Arq. Carlos Leão
Arq. Ernani Vasconcelos
Corsultor：Le Corbusier
Río de Janeiro，RJ，1937/43

→ 1 1937 年的研究草图

卫生教育部总部大楼（现在是卡帕内马宫）是巴西现代建筑的杰出作品，也是勒·柯布西耶倡导的在远离欧洲的国度大规模实施现代建筑原则的开篇之笔。对于大楼采取何种设计方案在当时成了一个颇有争议的问题，最终导致取消了在1935年举行的设计竞赛的结果，转而委托L. 科斯塔为其重新设计。L. 科斯塔是一个由当时尚且年轻的建筑师O. 尼迈耶、C. 雷奥、J. 莫雷拉、A. E. 雷迪和E. 巴斯孔塞略斯组成的建筑设计小组的组长。

那场无效的设计竞赛的获奖作品是一个融合天然装饰因素与新古典主义的设计方案。与之截然不同，科斯塔的作品着重强调现代思想的多面性与如何捍卫民族性之间的复杂关系，就像被认同的勒·柯布西耶的建筑作品

↑ 2 外观之一

← 3 外观之二
↓ 4 立柱

一样。柯布西耶还被专门请到里约热内卢，参与确定新设计方案的建筑宗旨。

最终的结果标志着巴西建筑注重细部设计的开始。整个建筑由三个相互关联的部分组成：办公楼、礼堂和展览大厅。主楼为14层，建在10米高的立柱之上。对其两个立面的不同处理完全取决于热带地区阳光的照射。因此，大楼朝向北方的一面，也就是阳光照射多的一面，安设了水平方向开启的活动窗户；而朝南的一面则完全由玻璃构成。这幢建筑是勒·柯布西耶提倡的现代建筑五大要素的完美体现，即立柱、自由的楼层平面、独立的结构、不受约束的立面表现形式和B.马克斯式的屋顶花园。同时，这幢大楼也融入了巴西建筑的传统特点，像使用了光面的陶瓷砖瓦并用C.波蒂纳里的壁画进行装饰等。

# 30. 潘普利亚娱乐中心

*地点：贝洛奥里藏特，巴西*
*建筑师：O. 尼迈耶*
*设计/建造年代：1943*

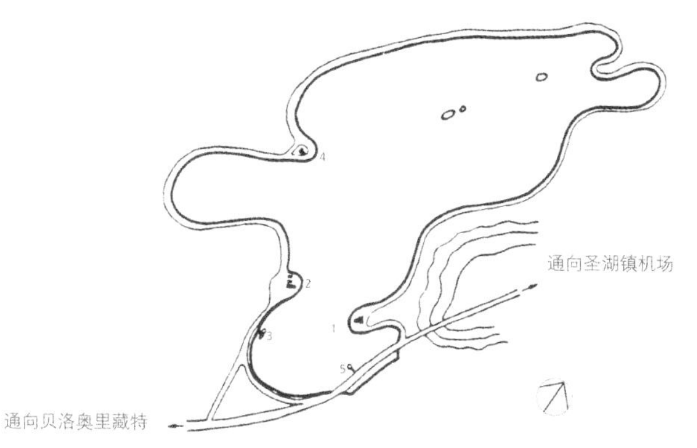


← 1 总平面图
（1. 赌场，现为美术博物馆；2. 游艇俱乐部；3. 餐馆和舞厅；4. 教堂；5. 码头）

↓ 2 教堂剖面图

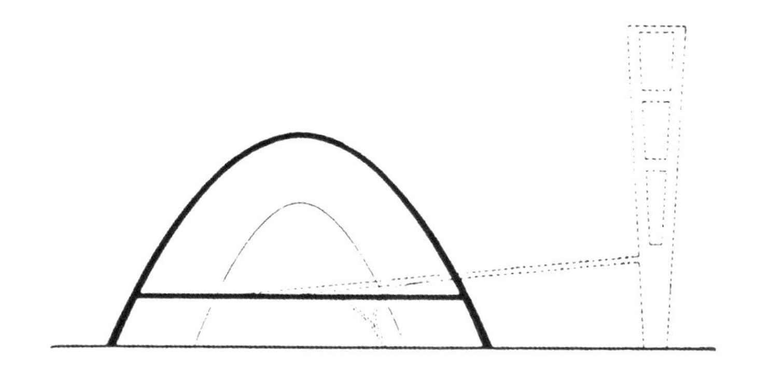

潘普利亚娱乐中心包括一个小教堂、一个游艇俱乐部、一个接待处和一个赌场（现在是一个美术博物馆），它是20世纪拉丁美洲建筑的杰出代表，也可以说是O. 尼迈耶富有诗意的处女作。

在贝洛奥里藏特的娱乐中心的环礁湖岸边，似乎很随意地排列着这四座建筑，但是它们之间的内在联系却表达了一种自由造型的理念，这也正是该娱乐中心设计上的基本特

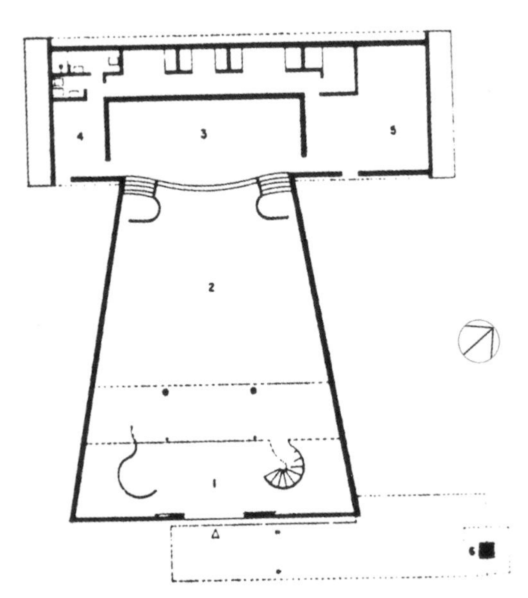


↑ 3 教堂

← 4 教堂平面图

↑ 5 美术博物馆主立面夜景

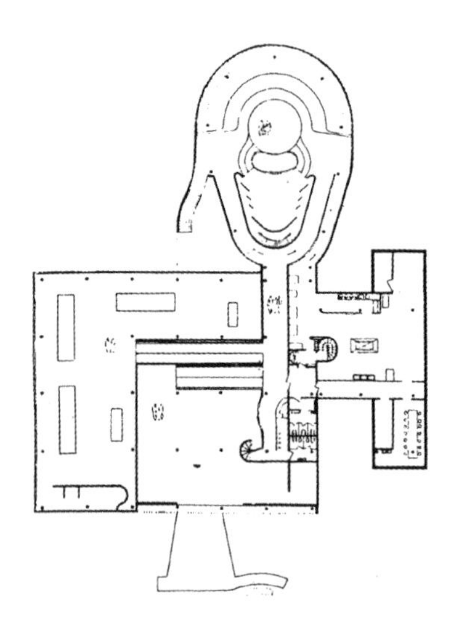

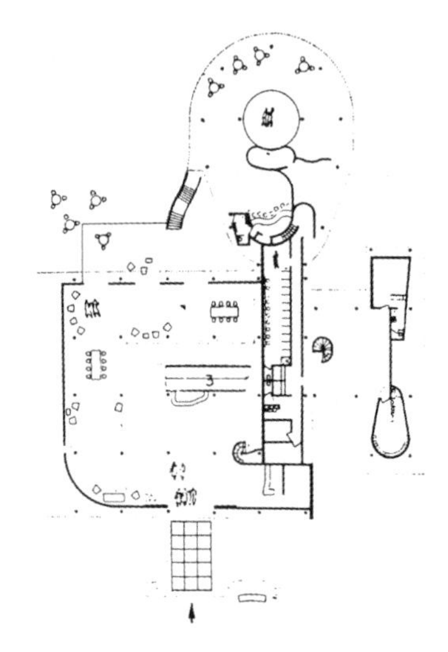

← 6 美术博物馆底层平面图
← 7 美术博物馆二层平面图
↓ 8 前面有铜雕像（扎莫伊斯基作）的美术博物馆主立面景观

点。尼迈耶苦心孤诣地挖掘了混凝土的特性，用其形成的弯曲线条构成了小教堂抛物线状的圆顶，并着重表现了教堂的中殿与钟楼。舞厅和赌场聚会大厅的弧形连廊，与斜向布置的俱乐部大楼形成了独特的对比，突出了一个被水面美化的空间。这个设计任务是由该市市长J. 库比茨切克指派给尼迈耶的。几年后，J. 库比茨切克当选为共和国总统；不久之后，他兴建了巴西新的首都——巴西利亚。

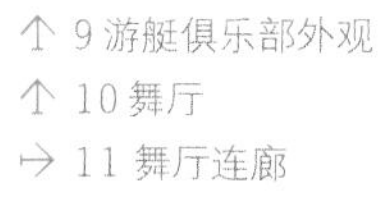

↑ 9 游艇俱乐部外观
↑ 10 舞厅
→ 11 舞厅连廊

# 31. 国立矿业学院（哥伦比亚国立大学麦德林校区）

*地点：麦德林，哥伦比亚*
*建筑师：P. N. 戈麦斯*
*设计/建造年代：1944*

↑ 1 北立面图
↓ 2 平面图

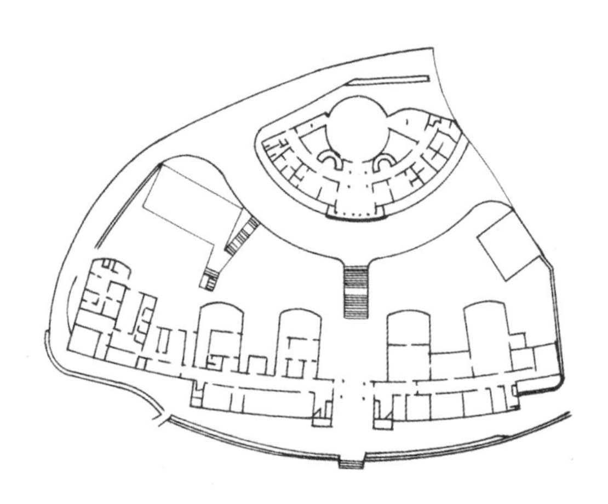

↑ 3 外观之一

在哥伦比亚，P. N. 戈麦斯的绘画、雕塑作品要比他的建筑作品更著名。国立矿业学院是他在建筑领域的杰出作品。学校位于一片朝向麦德林市的坡地之上，利用这一因素，设计师将学校建筑设计成弧形，并且在中心处设置了一个宽敞的门廊，当作观赏风景的巨大窗户。建筑师将整座建筑当作一个建筑、绘画和雕塑的集合体，并用这门廊作为其对称轴线。分布在主要楼区墙壁上的壁画，也构成了矿业学校建筑价值的一部分。

↑ 4 外观之二

# 32. 威廉姆斯住宅

*地点：马德普拉塔，阿根廷*
*建筑师：A. 威廉姆斯*
*设计/建造年代：1945*

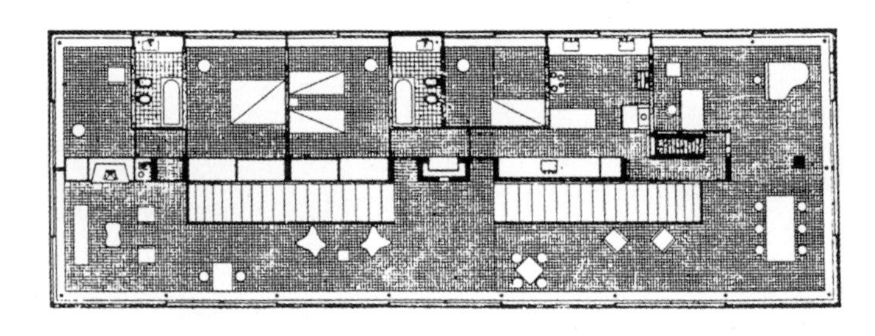

↑ 1 平面图

A. 威廉姆斯（1913—1989年）曾这样写道："我建造的东西很少，但我却实现了自我完善。"确实，他的设计在数量上超过了他最后实际完成的建筑作品，但那些不论是方案还是实施的设计都使他成为当代最伟大的建筑师之一。1947年，勒·柯布西耶曾在巴黎为他组织了一场展览，而密斯推荐他继自己之后出任伊利诺伊理工学院建筑系的系主任。威廉姆斯为他的父亲——音乐家A.威廉姆斯（1862—1952年）设计建造了这座也被称为"临溪住宅"或"桥宅"的住宅。这座住宅位于布宜诺斯艾利斯市东南400公里处大西洋岸边旅游胜地马德普拉塔。这座两层楼的住宅藏在一片枝繁叶茂的树林中，横跨一道将这一地区一分为二的恰克拉斯溪流。这座住宅采用了没有立柱支撑的三维体结构，这种结构使底层空间完全自由，一道弧形的金属板使住宅像一座桥一样凌驾于溪流之上。威廉姆斯曾说，该住宅被作为一种空间形式来加以设计，与周边的自然环境毫无冲突。

↑ 2 外观
↓ 3 立面图

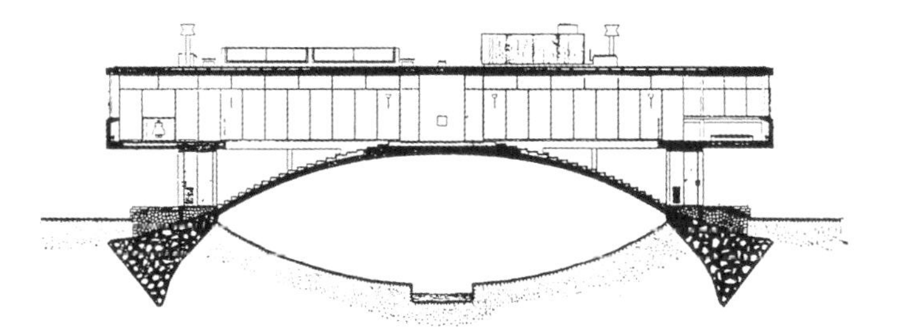

# 33. 哥伦比亚国立大学工程学院

*地点：波哥大，哥伦比亚*
*建筑师：L. 罗瑟，B. 维奥利*
*设计 / 建造年代：1945*

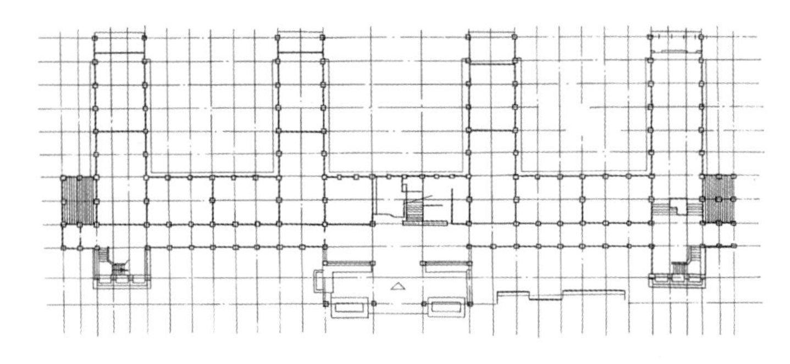

↑ 1 平面图

哥伦比亚国立大学工程学院大楼是大学城最先建起的建筑中最重要的作品。大楼的设计呈现出明显的现代派风格，朝向校园中心方向的教室构成一座非常有趣的建筑主体，与主立面图解式的处理方式形成了鲜明的对比。设计师所使用的理性主义建筑语言在该建筑所采用的清晰的空间布局和简洁的形式中都得到了体现。

↑ 2 外观

# 34. “门德斯·德·莫拉埃斯长官”综合住宅

*地点：里约热内卢，巴西*
*建筑师：A. E. 雷迪*
*设计/建造年代：1947*

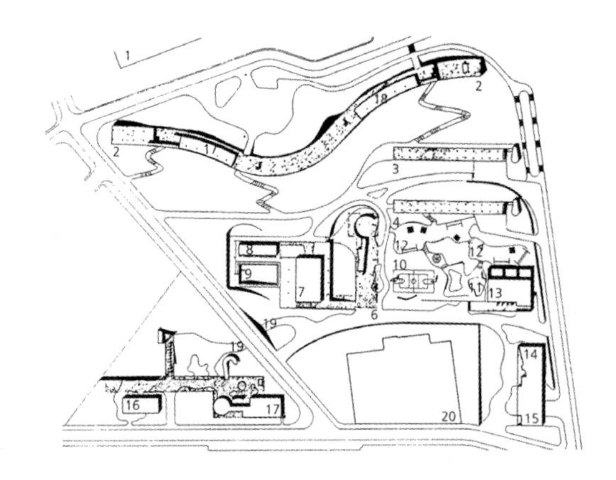


→ 1 总平面图
↓ 2 单元平面图

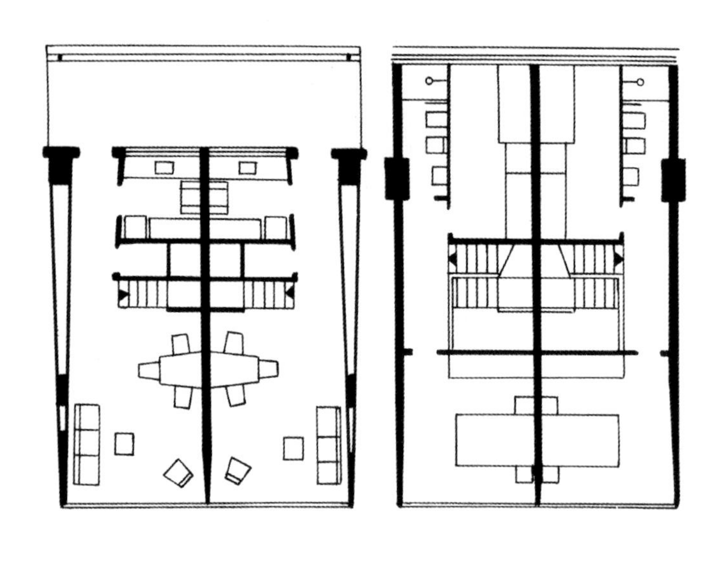

“门德斯·德·莫拉埃斯长官”综合住宅，也就是被人熟知的“佩德雷古利奥”群楼，是巴西当局为了解决日益增长的住房需求和实施“居住地与相关服务设施——如洗衣房、学校、市场和运动场等一体化”这种现代建筑原则而推出的开拓性创举。

最初的设计方案是建造四座住宅楼，但是最终只完成了三座，共计478套住房。外形弯曲起伏的

↑ 3外观之一

A座占据了街区的主体，它长260米，高七层，被雷迪建在了地势的最高点。·条笔直的通道穿过A座大楼第三层的后部，这里主要是运动场，两头分别是一个幼儿园和一个托儿所。

↑ 4 外观之二
↓ 5 中间楼层平面图

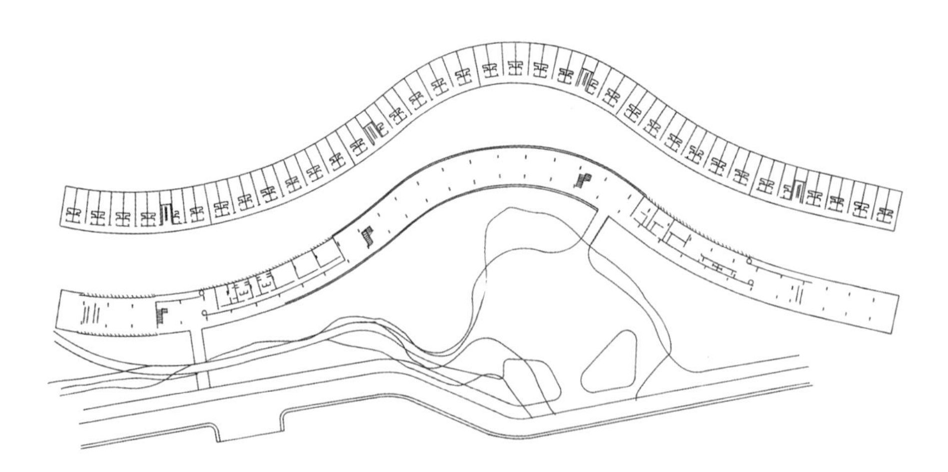

# 35. 巴拉甘私宅

*地点：墨西哥城，塔库巴亚区，墨西哥*
*建筑师：L. 巴拉甘*
*设计/建造年代：1947*

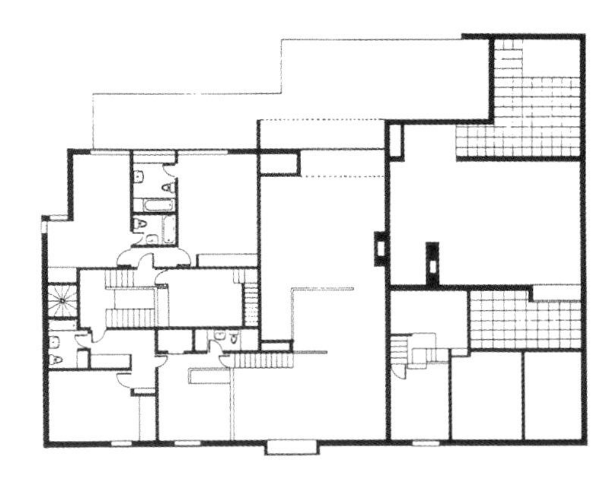

← 1 平面图
↓ 2 室内之一
↓ 3 室内之二

在为自己的住宅进行设计时，L. 巴拉甘完全自由地将自己最深层次的情感融入对一种全新的表现手法——情感型建筑的追寻中。朴实的环境使得建筑师在房屋正面采用了非常简约的风格，在朝向大街的正面，他只安排了很少几扇窗子，这与房屋朝向花园的那几扇宽大的窗子完全不同。房间内部和花园的空间布局都很富有意趣。在这里，巴拉甘使自己过去经验中最重要的部分与恢复本土表现风格的意图结合在一起。结构形式丰富的粗厚墙壁、热烈的色彩，糅合了新造型主义，特别是F. 凯斯勒的设计思想；不同平面的交叉和重叠带来了流畅、富有情感的空间效果，各个空间有机地结合在一起而又不失其独立性。

个 4 室内

# 36. 大学城

*地点：墨西哥城，墨西哥*
*建筑师：M. 帕尼，E. 德尔·莫拉尔*
*设计 / 建造年代：1952*

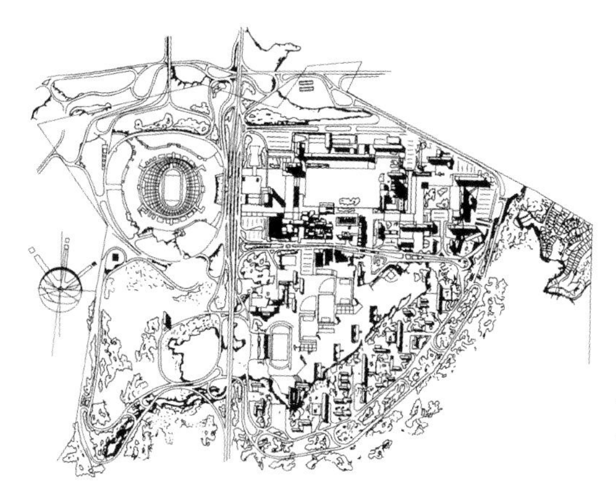

← 1 总平面图
↓ 2 图书馆

宏伟的大学城建筑群是墨西哥建筑的一个里程碑。M. 帕尼和E. 德尔·莫拉尔制订了大学城的整体设计方案，并且设计了校长办公楼。与他们合作的还有一个由50个建筑师组成的工作小组，这些建筑师负责大学里各院系建筑和体育场馆的设计。各建筑分布在中心校园的周围，通过采用国际式的风格，以及相似的建筑材料和装修方法，各个建筑物之间形成了相互联系。而所谓的“造型一体化”艺术是大学城设计中另一个意趣横生的地方，其中较为突出的作品是饰有D. 里维拉的石制浮雕作品的体育馆和外墙采用J. 奥戈尔曼的马赛克壁画的图书馆。

↑ 3 校长办公塔楼

↑ 4 外观局部之一
↓ 5 外观局部之二

# 37. 工程学院

*地点：蒙得维的亚，乌拉圭*
*建筑师：J. 维拉马霍*
*设计/建造年代：1936—1953*

学院位于蒙得维的亚城内一条大街上，这一地理位置严格地限定了它的设计方案——需要在不破坏地貌、植被和生态环境的同时，充分利用本市和拉普拉塔河独特的风光。主体结构为一系列自成体系的单元，这些单元被大厅有机地连接起来，从而避免了一座庞然大物平地而起的突兀之感。其中的一些单元为立柱支撑，使原有的景观得以维持，又平添了一分变化，既保证了行人的自由通行，又与直接建在地面上的单元彼此间隔，相互呼应，给人始料未及的感觉。

大楼的外形设计同其结构密不可分。整座建筑由钢筋混凝土浇筑而成，然而内部建筑却充分导入了柔韧灵活的设计观念。各部分间均竖有轻巧的隔墙。大楼表面使用了镂空模块，再饰以交织的扁带状的石膏边，使大楼的几何外形柔和。工程学院于1936年开始设计建造，1945年部分落成，1953年全部竣工。

↑ 1 外观

# 38. 现代艺术博物馆

*地点：里约热内卢，巴西*
*建筑师：A. E. 雷迪*
*设计 / 建造年代：1953*

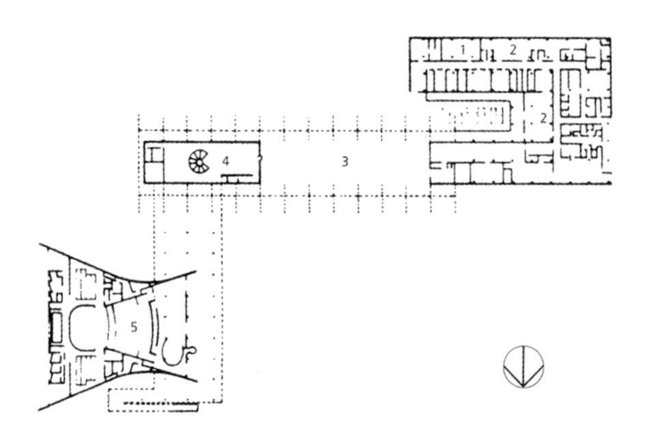


↑ 1 平面图
（1. 展示室；2. 咖啡店；3. 有顶庭院；4. 博物馆厅；5 礼堂）

雷迪设计的建筑物均具有典型的都市特点，这是令人们印象最为深刻的特征之一。在现代艺术博物馆的设计中，雷迪充分考虑了该处优越的地理位置——位于里约山和瓜纳巴拉海湾之间。因此，他决定设计一座既不破坏海景又不影响背景中的“面包山”的建筑。于是，雷迪设计了一个建筑群，由博物馆、学校和剧院三座建筑共同构成。然而剧院最终未能建成。博物馆以庞大的规模和精巧的结构布局成为建筑群的主体：屋顶由一组位于连续的门廊之上的铁柱支撑，博物馆的自身结构低矮且透明，使得花园仿佛穿越了馆身并向大海处延展。博物馆周围的地面和学校楼顶的屋顶花园则是B.马克斯设计的。

↑ 2 外观
↓ 3 剖面图

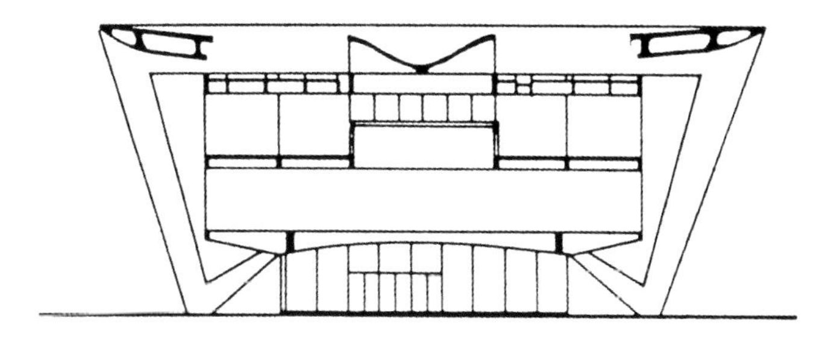

← 4 细部之一
↓ 5 细部之二

# 39. 独木舟之家

*地点：里约热内卢，巴西*
*建筑师：O. 尼迈耶*
*设计 / 建造年代：1953*

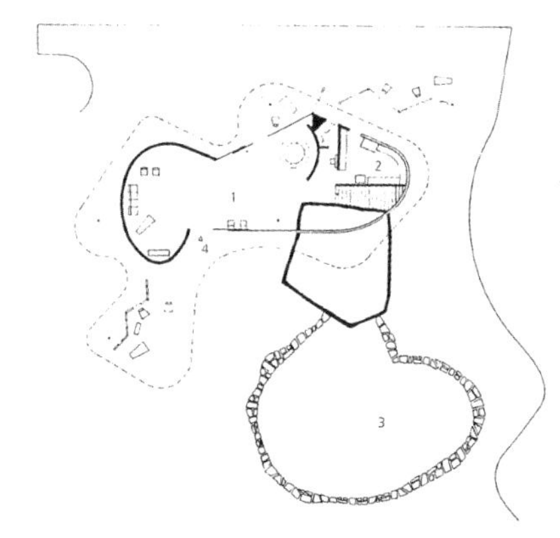


← 1 总平面和主楼层平面图
（1. 起居室 - 餐厅；2. 厨房 - 储藏室；3. 游泳池；4. 卧室）
↓ 2 内景之一

这本应是一所中产阶级以上家庭普通的住宅，由三间卧室、浴室、起居室、厨房和游泳池组成。但是，由于住宅周围风景异常独特，O. 尼迈耶便想将其建造成一所融自身特点和大自然于一体的房子，于是诞生了这个被热带雨林环抱的建筑瑰宝。O. 尼迈耶为自己的家人设计了这幢房子，他巧妙地将当地一块巨大的花岗岩圆石纳入了设计中，这时，房子已初具雏形。

↑ 3 内景之二

通向屋子的道路建在一个缓坡之上，它将客人引向了正门。在屋子的最顶层，地面被交错的长方形玻璃块划分为起居室和后露台，后露台下面就是一望无际的大海。尼迈耶把布局传统的卧室安排在整幢楼的半中间夹层上，这种安置将居住部分的楼体有机地连在一起，充分表现了其内在的联系。屋顶呈曲线形设计，由纤细的金属立柱支撑，与周围的环境和枝繁叶茂的秀美景致融为一体。

↑ 4 岩石、铺地和建筑融合在一起
↑ 5 雕像、岩石和游泳池

# 40. 库鲁谢特住宅

地点：拉普拉塔，阿根廷
建筑师：勒·柯布西耶
设计/建造年代：1954

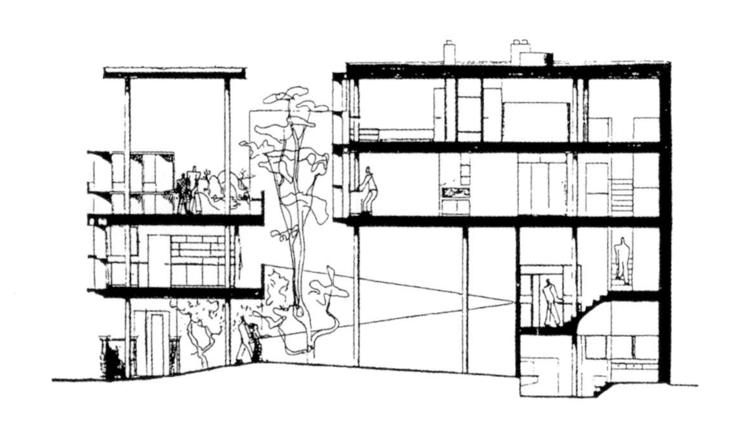

1 剖面图

拉普拉塔是阿根廷最大的省份——布宜诺斯艾利斯省的首府，位于布宜诺斯艾利斯市以南50公里处。具有瑞士、法国血统的建筑大师勒·柯布西耶曾在1929年访问阿根廷，并在1941年为该市做了一个后来并未付诸实施的设计总方案。1948年，他的一位崇拜者，P. D. 库鲁谢特医生请他为自己设计位于拉普拉塔的住宅和诊所。勒·柯布西耶在1949年提交了设计方案，建筑于1954年完成。在勒·柯布西耶众多的设计作品中，库鲁谢特住宅并不是一件微不足道的作品，它是这位大师于“二战”期间在建筑领域上下求索的突出表现。这座住宅还是柯布西耶将他在“二战”期间的一些发现付诸实施的第一件作品，它表现了建筑大师对地区、本土因素的兴趣，以及他对自己早在20世纪20年代就已提出的一些建筑原则的重新评价。1987年，这座住宅被宣布为国家历史胜地，并成为拉普拉塔建筑师协会的所在地。在美洲，勒·柯布西耶的作品只有两件：美国的哈佛大学视觉艺术中心以及阿根廷的库鲁谢特住宅。

↑ 2外观

# 41. 圣马丁市政大剧院

*地点：布宜诺斯艾利斯，阿根廷*
*建筑师：M. R. 阿尔瓦雷斯及合作者*
*设计/建造年代：1956*

在20世纪下半叶的阿根廷建筑领域中，最杰出的人物是M. R. 阿尔瓦雷斯（1913年生），他的处女作完成于1937年。其设计充满理性，甚至超越了理性主义的范畴，但是阿尔瓦雷斯的理性概念总是被一种艺术情感影响而并不十分强烈，尽管阿尔瓦雷斯曾言明他所努力培植的是一种“美学愉悦”。与M. O. 鲁伊兹合作设计的圣马丁市政大剧院，是阿尔瓦雷斯最伟大的创作之一，它矗立在科连特斯大道上。这条大街是布宜诺斯艾利斯市传统的剧院云集地，建成于1956年。1960年开放的圣马丁市政大剧院有四座演出大厅和一个小影院；剧院的舞台设施和内部布局不仅在阿根廷，在世界上都可算是非常先进的。一道长长的天棚遮蔽了人行道和剧院一层、二层的窗子，使人们联想起布宜诺斯艾利斯市那些老剧院。这一设计还使得剧院主体的形体感更强，这面“幕墙”也显示出一种诗意的优雅。在圣马丁市政大剧院的后面，另一条平行大街的入口处矗立着阿尔瓦雷斯的另一件作品——圣马丁将军艺术中心（1960—1970年）。

↑ 1 外观

# 42. 奥拉亚·赫雷拉机场

地点：麦德林，哥伦比亚
建筑师：E. 萨帕塔
设计/建造年代：1957

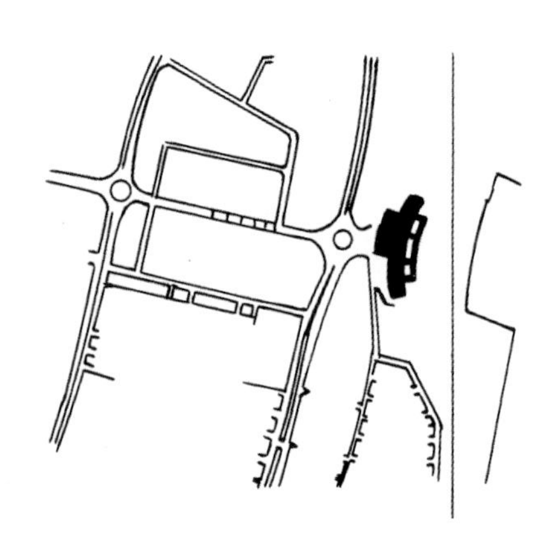

← 1 总平面图
↓ 2 平面图
↓ 3 剖面图

奥拉亚·赫雷拉机场是1950年以后哥伦比亚最出色的混凝土结构建筑的代表。机场的蛋壳状和曲线形的建筑都表明了同时代巴西建筑对其的影响。主前厅的空间是整座建筑的意趣中心所在，大厅一侧的彩色玻璃窗为屋顶的丰富形式又添光彩。

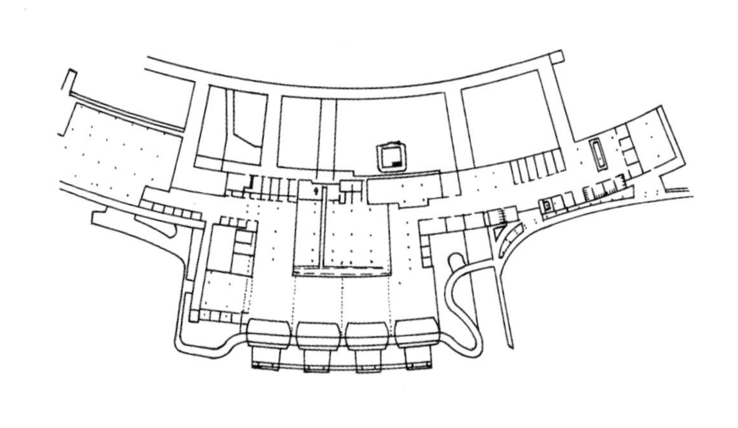

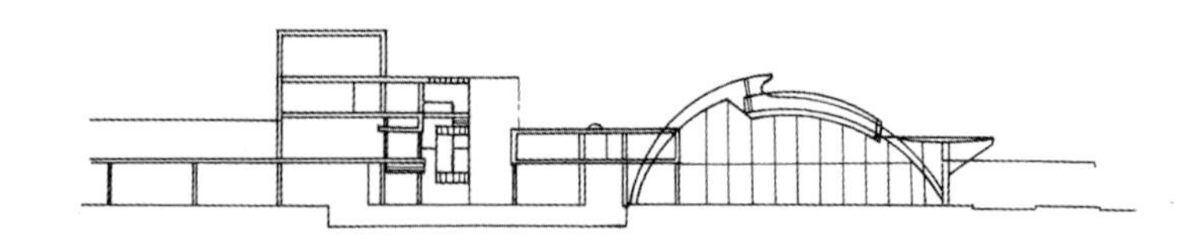

↑ 4 外观

↓ 5 立面图

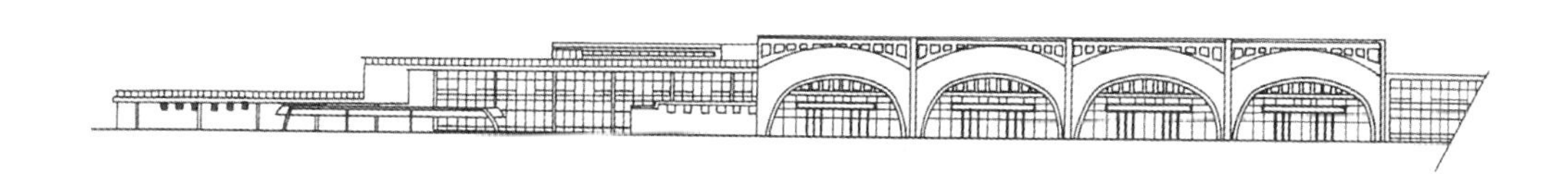

# 43. 科尔多瓦市政厅

*地点：科尔多瓦，阿根廷*
*建筑师：S. S. 埃利亚，F. P. 拉莫斯，A. 阿戈斯蒂尼*
*设计/建造年代：1958*

在阿根廷的建筑史上，成立于1936年的S. S. 埃利亚、F. P. 拉莫斯和A. 阿戈斯蒂尼建筑师事务所（即SEPRA事务所，由成立者姓名的第一个字母组成）在50年的时间里，一直处于独领风骚的地位。1987年，当这三位创建者去世后，这家事务所又分成了三家公司，分别由SEPRA事务所创始者的后代领导。在SEPRA事务所的众多设计成果中，科尔多瓦市政厅是非常有代表性的一件作品。科尔多瓦是科尔多瓦省的首府，位于阿根廷中部，城市人口继布宜诺斯艾利斯市之后占全国第二位。市政厅建于1954年到1958年间，由两个独立的、风格不同的部分组成：一部分是呈长方体、占地很大的高层建筑；另一部分是一座不太高的正方体建筑，两者通过一道带玻璃幕墙的架空桥连接在一起。市政厅上部由门廊和钢筋混凝土结构组成；建筑的各立面则是将玻璃幕墙同钢筋水泥结合在一起，形成一种不同寻常的造型效果，建筑的内部设计则因其空间布局和富有条理的通道布置而显得异常出色。

个 1 外观

第 2 卷

# 拉丁美洲

*1960—1979*

# 44. 巴西利亚城市建设

*地点：巴西利亚，巴西*
*建筑师：L. 科斯塔，O. 尼迈耶*
*设计/建造年代：1960*

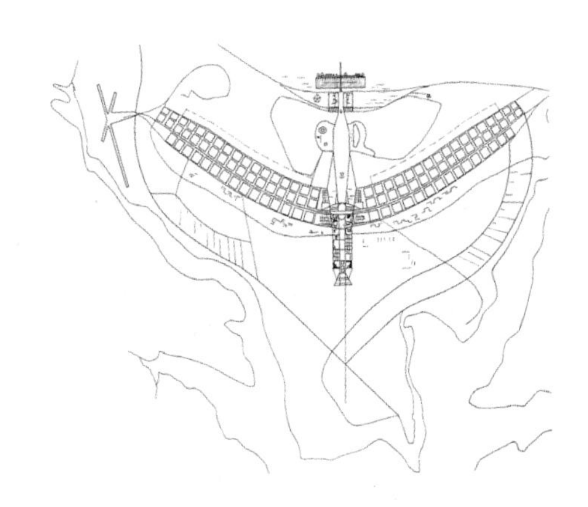

← 1 总平面图
→ 2 鸟瞰

L. 科斯塔是1957年举办的“巴西利亚建城设计大赛”的冠军。他的设计方案十分简洁：两把呈直角相交的斧头，如同“一个人在其获得拥有权的土地上显示的一个标志”。在广阔无垠的巴西中央高原上，巴西利亚城在短短三年时间里就被建设完成。它依据的建设方案是基于柯布西耶的城市化原则做出的，融会了三个不同的方面：有共性的纪念性建筑、日常的生活区和集中的住宅楼群。

三权广场位于巴西利亚市宏伟的中轴线的最东端，呈等边三角形，三个顶点分别为国家主要的三个权力机构：行政机关（普拉纳尔托宫）、立法机关（国家议会）和司法机关（正义宫）。这三座建筑均由O. 尼迈耶设计，是巴西利亚最具象征意义的建筑作品。普拉纳尔托宫和正义宫呈水平方向建造，高度不大，与高耸在宽台之上的参议院、众议院两座竖直的且一模一样的塔楼形成了鲜明对比。从这个建筑群的视觉轴线上望去，可以看到左右两边平行分布的普拉纳尔托宫和正义宫，低低的，仿佛融入了远方。一座颇具雕塑风格的大教堂以其向上伸展的曲线状外形在众多的建筑中脱颖而出，打破了这种对称性。

尼迈耶设计的另外两座建筑也十分著名，它们是外交部（伊塔马拉提宫）和总统官邸（阿尔沃

拉达宫）。其中，总统官邸在“巴西利亚建城设计大赛”结束之前就开始修建，它展示的风格为其他许多建筑师所借鉴：中央是一个“玻璃盒子”，四周环绕着一条由立柱支撑的、宽宽的、向外延伸的走廊，柱头均为弧形曲线。

↑ 3 立法机关
↑ 4 司法机关

个 5 外交部（伊塔马拉提宫）

↑ 6 联邦最高法院
← 7 大教堂

# 45. 阿特兰蒂达圣母教堂

*地点：阿特兰蒂达，乌拉圭*
*建筑师：E. 迭斯特*
*设计/建造年代：1960*

阿特兰蒂达圣母教堂是E. 迭斯特第一件真正重要的建筑作品。教堂的墙壁和顶棚被设计成一个巨大的双抛物曲线的蛋壳结构，由打在地基上的桩子支撑。在设计教堂的过程中，迭斯特面临并解决了超越建筑学的信仰问题。他考虑到了宗教仪式的举行方式，设计了教堂的圣器室，使司仪牧师以一种富有表现力的方式逐步出现在圣坛上。迭斯特认为，这种表现方式需要时间来为人们所理解，因为它与惯常所采用的那种意外的没有铺垫过程的牧师登场方式根本不同。由

↑ 1 外观之一

↑ 2 外观之二

此，迭斯特提出建造屋顶有一个巨大圆形天窗的圣器室，将教堂圣地容纳其中，这样，这里就与传统意义上的圣器室没有什么相似之处了。而牧师主持祭礼的过程，同时也就成了一个展示建筑空间的过程。教堂的顶棚由一系列相同的蛋壳状结构组成。为了不使教堂的墙面装饰耗费过大，迭斯特在一面墙壁上使用了粗糙不平的材质，砖石的边角突出，未做接缝抹合的处理，从位于这面墙和圣器室之间的一扇窗户中透过的光线自下而上照亮墙壁。

迭斯特所有作品的一个基本特征就是采用砖石结构来建造房屋。对他来说，砖石同铁和灰浆结合在一起，可以形成坚固、可行而且经济实惠的建筑结构。因此，设计方案的可行性就成为迭斯特作品最主要的特点之一。正像迭斯特本人所说的，“经济实惠是帮助人们建造优秀建筑的诸多因素之一”。在大型建筑的设计中，这种经济实惠就体现在自体支撑拱顶或双抛物曲线拱顶上，这样的拱顶能利用日光达到照明的目的。以这种形式，迭斯特设计了乌拉圭和巴西的许多商场、飞机库、仓库和公共汽车站。

# 46. 本笃会教堂

*地点：圣地亚哥，智利*
*建筑师：G. 瓜尔迪亚，M. 克雷亚*
*设计/建造年代：1964*

这座教堂是孤零零地位于圣地亚哥东边一座小山上的本笃会修道院的一部分。这座修道院是根据在一次比赛中获奖的瓦尔帕莱索天主教大学教师们的设计开始建造起来的。整座修道院的建筑使人回想起20世纪20年代至30年代的国际式建筑风格，充分体现了功能性。教堂的设计者是受人尊敬的神父G. 瓜尔迪亚和修士M. 克雷亚（O. B. S.）。第一眼望去，教堂所表现的也是那种国际式风格，白色、富有立体感，但它处于山坡上的位置和它的钟楼建筑都反映出柯布西耶设计的拉土雷特修道院（里昂，1957年）的某些特点。

然而，本笃会教堂的建筑品质却大大超越了对拉土雷特修道院建筑特点的简单吸收。实际上，本笃会教堂在智利，乃至整个南美洲都可以被看作体现现代建筑与来自梵蒂冈第二次主教会议的新的礼拜仪式原则之间关系的一件巅峰作品。建筑的设计基本上是由两座垂直交叉的楼体组成，一座归修士所用，一座为信徒们所用。在两座建筑的交叉处供奉着祭坛。建筑的简朴、庄重均适度有方。例如，混凝土墙壁上的装饰线条清晰可见，这样，墙上的浅色绘画就显得格外突出。空间布局上的意趣则体现在走廊和一个非常出色的自然采光工程上，从墙壁上透进的光线营造出一种静谧的宗教气氛，是其他任何地方的现代建筑很少能达到的境界。

↑ 1 外观

# 47. 哈维里亚那天主教大学医护系

*地点：波哥大，哥伦比亚*
*建筑师：A. 莫利诺*
*设计/建造年代：1964*

波哥大的哈维里亚那天主教大学医护系，即巴勃罗六世大楼沿中心院落修建，在建成时是一座空间布局独特新颖的建筑。大楼的设计强调建筑的不规则性和反映在丰富的空间结构中的分割手段。而砖与混凝土的混合结构显得尤为巧妙。

↓ 1 外观

# 48. 国家人类学博物馆

*地点：墨西哥城，墨西哥*
*建筑师：P. R. 巴斯克斯，J. 卡姆萨诺，R. 米哈雷斯*
*设计/建造年代：1964*

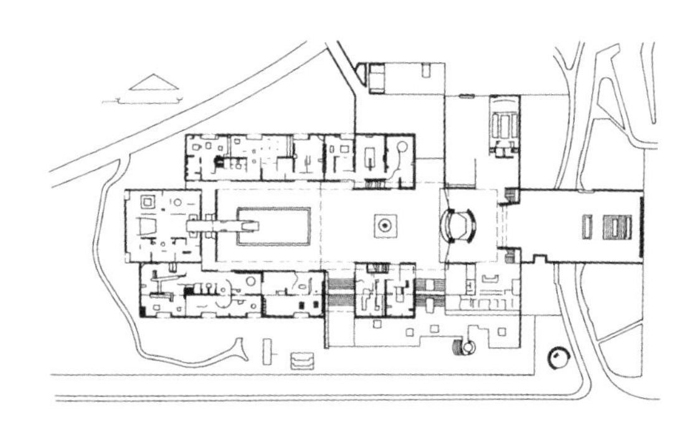

↑ 1 底层平面图
↓ 2 外观

今天，这座博物馆已经成为国际上同类建筑物中最具代表性的建筑作品。博物馆建筑将一个巨大的院落围在中间，这种设计的灵感来自哥伦布发现美洲之前的建筑特点，以及新西班牙总督辖区时期回廊式建筑的风格。在这里，设计者大胆地安置了一些伞形建筑，用来为参观者们挡风遮雨，这组伞形建筑铜制的中央立柱采用了J. C. 莫拉多的浮雕作为装饰。博物馆底

↑ 3 庭院

层的各个展厅都朝向中间的厅堂，使这里成为参观过程中一个不错的歇脚之处；展厅内有前哥伦布时期艺术的重要作品，从博物馆学的角度评判，这些作品都具有很高的价值，同时，展厅中还有墨西哥重要的艺术家们的壁画作品。博物馆的第二层展出的是人类学方面的展品，整座建筑还包括了博物馆所需的一些服务性设施，如一个重要的图书馆和一个教学区。

↑ 4 细部
→ 5 上层平面图

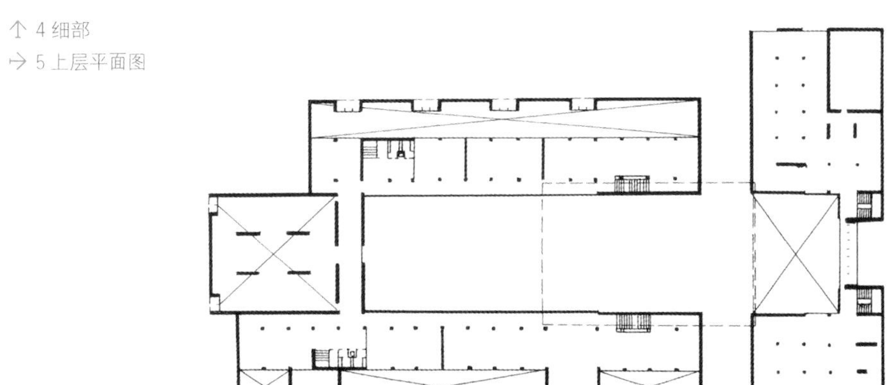

# 49. 加拉加斯大学城

*地点：加拉加斯，委内瑞拉*
*建筑师：C. R. 比利亚努埃瓦*
*设计/建造年代：1944—1966*

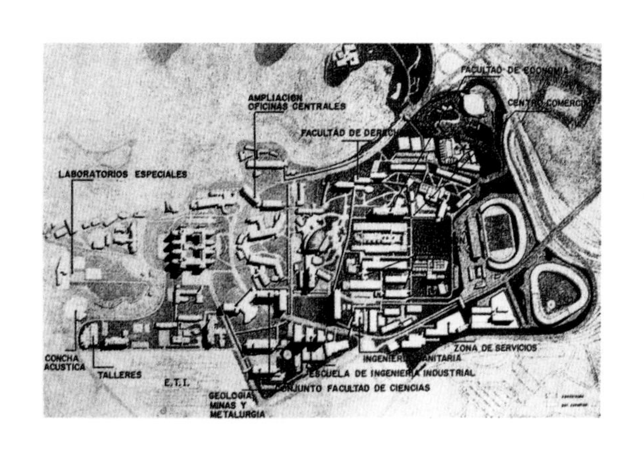

↑ 1 总平面图
↑ 2 带棚广场

加拉加斯市名为“静谧”的综合住宅楼（1942年竣工），是拉丁美洲“批判性地域主义”的创新作品之一。然而，委内瑞拉中央大学才是C. R. 比利亚努埃瓦（1900—1978年）最具代表性的建筑作品。大学城同样位于加拉加斯市，1944年左右开始建造，工程历时20余年。大学城内最著名的建筑物有药学系楼、建筑系楼、牙医系楼、图书馆、音乐厅、奥林匹克体育馆和奥林匹克游泳馆。但是，1952年建造的带棚广场和大礼堂，因设计大胆而新奇，在众多建筑中脱颖而出。

这两座建筑构成了一个整体。带棚广场的顶棚是一组巨大的参差错落的混凝土板（同时又是上层部分的地板），由立柱支撑，周围是半透明的透雕墙。这样的设计既提供了阴凉场所，又不妨碍空气的自由流动。沿着缓缓的斜坡，便从这个静谧的空

↑ 3外观

间来到了大礼堂。礼堂很大（可容纳2600人），庄严而壮丽。世界闻名的美国艺术家A. 卡尔德隆是礼堂的主要设计者，他独创了一系列长长的、迎风转动的、边缘弯曲的装饰性结构，自顶棚悬垂而下，既反射了声波，又产生了绝妙的传音效果。

在设计建造过程中，比利亚努埃瓦先后邀请了F. 勒杰尔、H. 阿普、A. 佩夫斯尼尔、V. 瓦萨尔利和H. 劳伦斯参与创作。他们的作品在大学城不同的地点得到了展示。

# 50. 国家抵押银行

*地点：布宜诺斯艾利斯，阿根廷*
*建筑师：C. 特斯塔，SEPRA 事务所*
*设计 / 建造年代：1966*

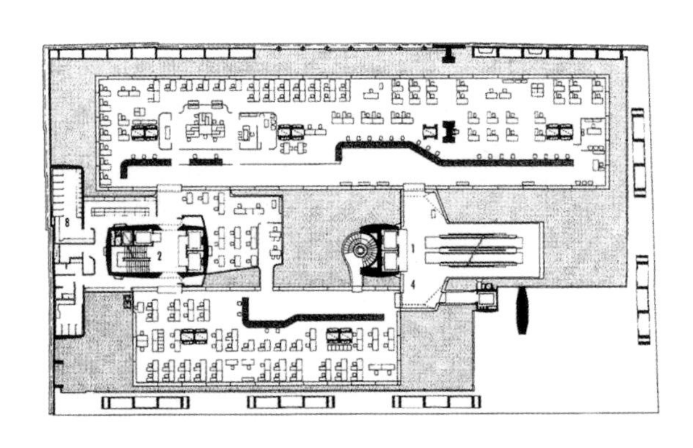

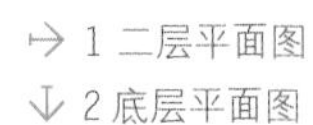

→ 1 二层平面图
↓ 2 底层平面图

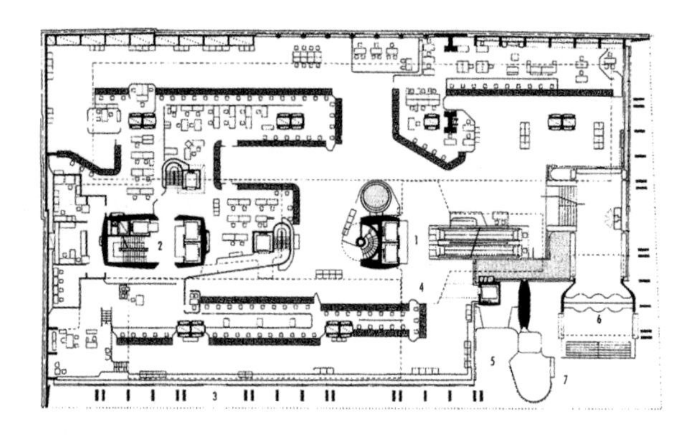

该建筑原本是为解体的伦敦银行设计建造的，后来成为洛伊兹银行的所在地。现在，它属于国家抵押银行。它是1960年到1966年间被修建在布宜诺斯艾利斯市最出色的建筑之一，这座建筑由著名的建筑师C. 特斯塔（1923年生）与S. 埃利亚，P. 拉莫斯和A. 阿戈斯蒂尼事务所（SEPRA）合作设计而成，利用区分了公共区和私人区的“单一空间”的设计思想。这种“单一空间”的思想，具体来说就是通过屋顶和两堵公用墙壁来界定范围，而建筑也因两个立面具有非常的造型艺术价值的柱廊（或称护墙）而显得更加完美。位于拐角处的入口有一个凉廊，通过一种大面积照壁来突出入口。设计师用一种混凝土结构作为使整个建筑显得与众不同的决定因素，并用它来划定建筑物的范围。门窗均为铝制结构，支撑着透明的玻璃板。

↑ 3外观

个 4 内景

# 51. 拉美经济委员会大楼

*地点：圣地亚哥，智利*
*建筑师：E. 杜哈特*
*设计/建造年代：1966*

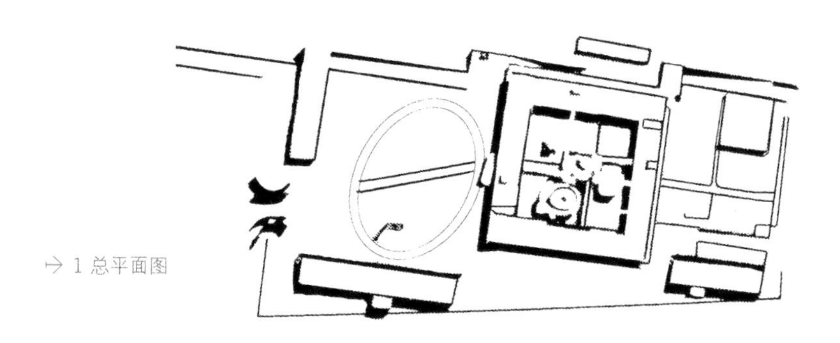

→ 1 总平面图

这座大楼独自矗立在马波丘河岸边的一片土地上，它是拉丁美洲经济委员会和其他一些附属于联合国的组织的所在地。

杜哈特的设计方案借鉴了勒·柯布西耶在拉土雷特修道院（1957年）和昌迪加尔议会大厦（1961年）的建筑中所反映的对空间体量方面的探索。这一点儿也不奇怪，因为杜哈特同柯布西耶一同工作过。这座大楼内呈环状布局的办公室将建筑的内部空间划分出有特定用途的区域，如接待中心、蜗壳状的大会议厅，等等。面积95.66平方米的内部天井勾勒出一个与智利传统乡村建筑相一致的水平轮廓。而那些位于建筑中心的雕刻修饰则反映出智利的山川景色。

杜哈特使用了一种非常复杂、先进的技术，使建筑适应智利多地震的特点。一个靠巨大的挑檐横梁支撑的肋拱梁构成大楼的环状结构。那些横梁又由位于建筑角落的间距22米的相互铰接的立柱支撑。办公室的水平高低取决于大楼的外部结构。新颖的是，大楼的地面部分没有设置办公室，可以自由通行。从建筑学的角度看，这座大楼的设计方案中还有一些非常细致精巧的处理之处，像四周有通道通向顶层阳台的“蜗壳”大厅，大楼入口处带双层瓦的顶棚，当然还有那些浅浮雕和造型艺术的装饰品。

↑ 2 外观之一

这座建筑在国际上的知名度非常高。但后来对它的使用却使其成就的相当一部分失去了价值。国家和地区组织机关人员的增加及机构膨胀使得大楼那通行无阻的底层空间也被完全占用。

↑ 3 外观之二
↑ 4 细部

# 52. 圣保罗大学建筑与城市规划学院

*地点：圣保罗，巴西*
*建筑师：J. V. 阿蒂加斯，C. 卡斯卡尔迪*
*设计/建造年代：1968*

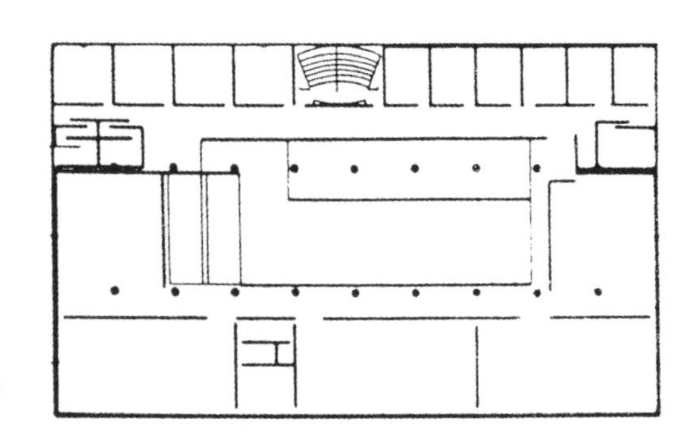

→ 1 平面图
↓ 2 室内广场

可以这样说，作为建筑设计师，J. V. 阿蒂加斯对于圣保罗市的意义就相当于O. 尼迈耶对于里约热内卢的意义。他们同时投身建筑领域与政治领域，这也是整整一代“保罗主义”设计师们的共同特点。由于这批设计师迷恋混凝土这种建材，人们甚至将其形容为“野蛮派”。在J. V. 阿蒂加斯的众多作品中，最具象征意义的是圣保罗大学的建筑与城市规划学院。

一块宽阔的高出地面15米的高地构成了圣保罗大学建筑与城市规划学院的中央广场，四周集中了该学院的工作室、教室和行政管理楼。在这个高高的广场上，作者设计了一个一端接于地面、另一端向上耸起的共分七层的矩形支架，各层之间有斜坡相连。支架上面覆盖着半透明的格栅网，形成了工作室内唯一的自然光源。

↑ 3 外观
↓ 4 剖面图

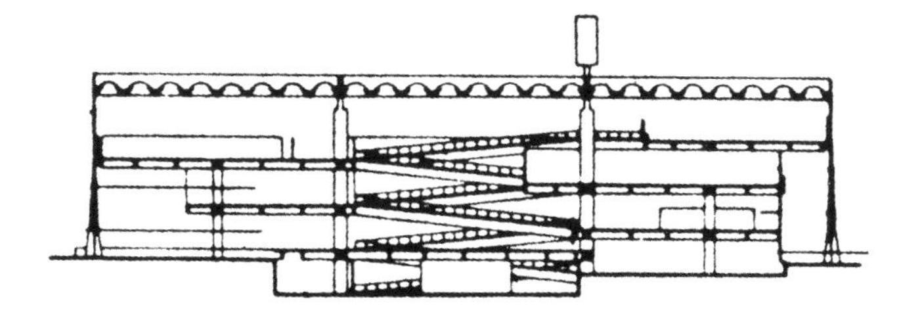

# 53. 哈瓦那大学埃切维利亚理工学院

*地点：哈瓦那，古巴*
*建筑师：F. 萨利纳斯*
*设计/建造年代：1968*

↑ 1 细部

学院位于距市中心不到12公里的地方，也被人称为“大学城”（CUAJE）。作为革命政府成立后最初的建设成果，这座学院以它的高品质而具有了非常深远的意义。学院的建筑没有采用传统的将独立建筑物安排在一个主要园区周围的方法，这样一来，可以更好地创造出一种统一的建筑布局，有利于将来有秩序的园区扩展。建筑师的设计思想的最终成果是建成了一系列在技术和美学方面都能满足教学要求的楼房。在这些楼房的建造中，设计师使用了一种朴素而又不失现代气

↑ 2 外观
→ 3 内景

息的建筑语言，即采用了未经加工的混凝土表面。另外一个特点就是该建筑灵活多变的功能。

# 54. 埃赫斯特罗姆私宅及圣克里斯托瓦尔马厩

*地点：洛斯克鲁贝斯，墨西哥*
*建筑师：L. 巴拉甘*
*设计/建造年代：1968*

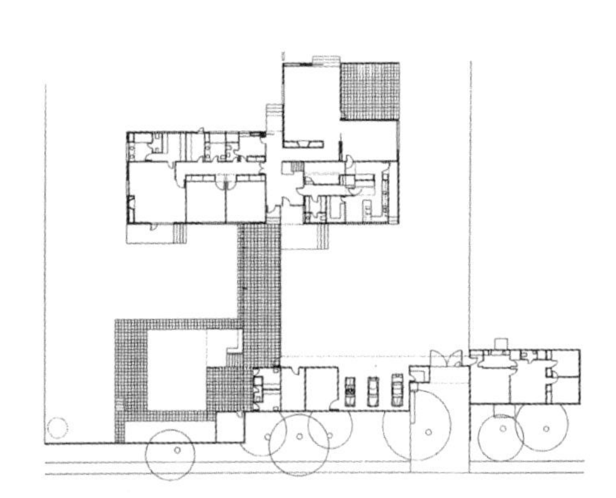

↑ 1 平面图
← 2 外观之一

这是一个符合洛斯克鲁贝斯马术运动特点的建筑群，其非运动场部分的建筑设计是由L.巴拉甘完成的。马厩是整座建筑中最重要的部分，在马厩的设计中，建筑师流露出自己对马匹的钟爱。他设计了一个带有漂亮饮水喷泉的院落，这是他对自己童年时代住宅的一种回忆；在马厩的建造中，他采用了倾斜的屋顶，这样，可以获得一种既现代又乡土的气氛。喷泉和墙壁的色

↑ 3 外观之二

↑ 4 外观之三
↓ 5 马厩平面图

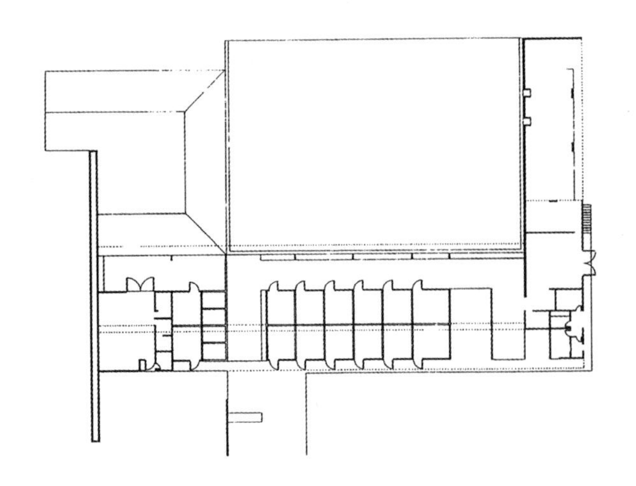

彩渲染了一种热情的表现力，使这一区域的欢乐气氛更加浓郁。附属建筑有独立的大门，保持了巴拉甘特有的建筑语言，整座建筑紧挨着池塘，建筑内部空间布局合理，令人愉快。

# 55. 皇家大道饭店

*地点：墨西哥城，墨西哥*
*建筑师：R. 莱戈雷塔*
*设计 / 建造年代：1968*

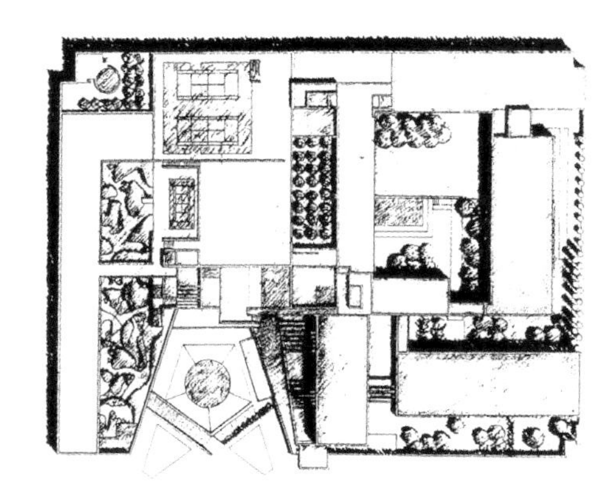

← 1 总平面图
↓ 2 入口

优越的地理位置和宽阔的建筑场地都为建造一座水平横向的建筑提供了有利的条件，这种设计思想与高层住宅塔式建筑的主要设计思路正好相反；饭店为客人提供了观赏风景和休息的场所。另外，还有许多刻意保持独立性的服务设施建筑，这正是一座这种级别的饭店所需要的。因这座建筑的设计，R. 莱戈雷塔跻身于著名的“情感建筑”流派的行列中，这个流派也属于地方主义的范畴。这一设计的最终效果主要体现在饭店的外部空间上，如气派的入口处的纪念性栅栏和喷泉，还有花园所起到的必要的点缀作用。而在饭店内部，空间的表现力主要体现在粗厚墙体的应用方面，墙上按一定比例设置的门窗，壁上装饰的手工艺品和带着民间艺术灵感的色彩应用，同精心设计的家具、重要的艺术作品相得益彰，十分和谐。

↑ 3 外观之一

↑ 4 外观之二
↓ 5 平面图

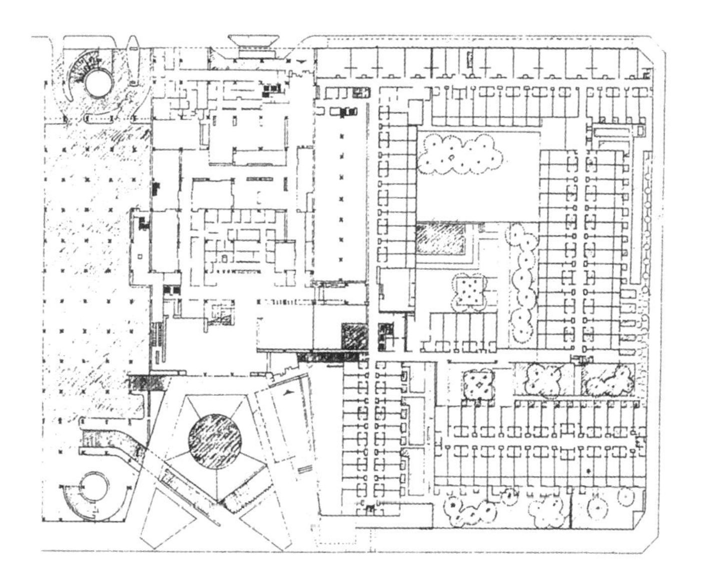

# 56. 公园住宅

*地点：波哥大，哥伦比亚*
*建筑师：R. 萨尔莫纳*
*设计/建造年代：1970*

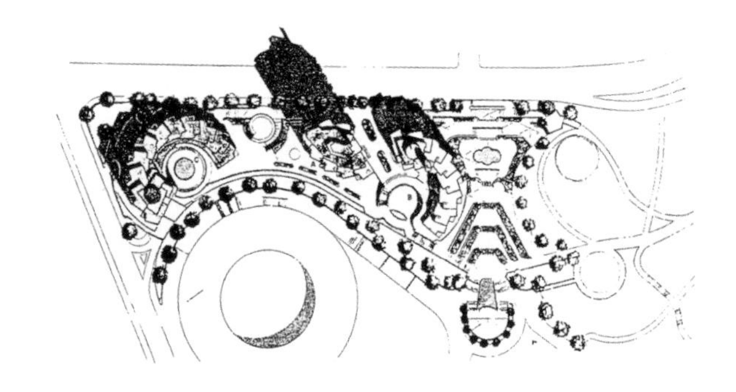

→ 1 总平面图
↓ 2 细部

公园住宅被认为是拉丁美洲最重要的建筑作品之一，这个由三座住宅楼组成的建筑群同桑塔玛利亚斗牛场一起形成了一个街区。它的建造位置既精心考虑到了通行的便利，又能欣赏美丽的景致，与独立公园也合为一体。塔楼利用了这个绝妙的位置，使人们在楼内即可眺望城市及西面的山岗。这种空间布局造成了光和影的强烈对比，带来了妙不可言的感官效果。1976年，这项设计获得了国家建筑奖。

↑ 3 鸟瞰

→ 4 住宅平面之一

↓ 5 住宅平面之二

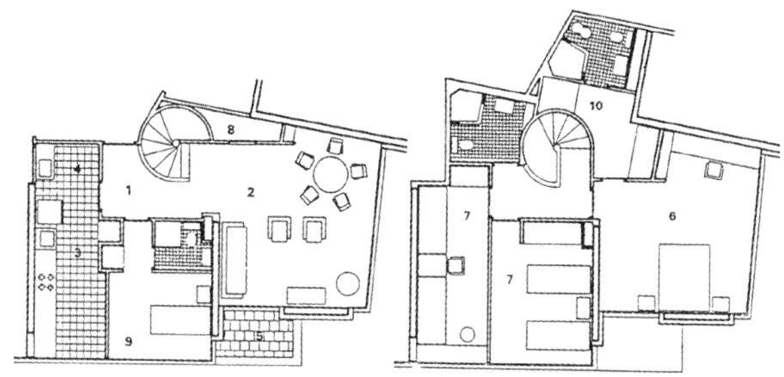

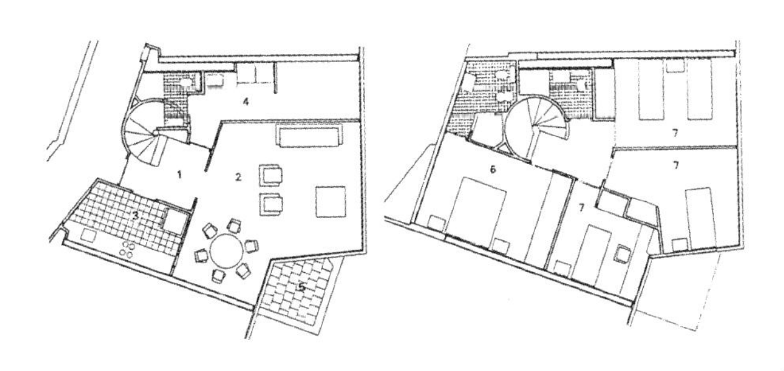

# 57. 格德斯住宅

*地点：圣保罗，巴西*
*建筑师：J. 格德斯*
*设计/建造年代：1971*

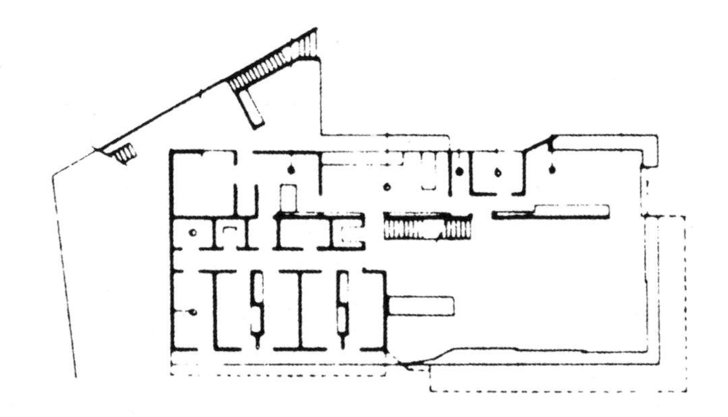

→ 1 平面图
↓ 2 总平面图

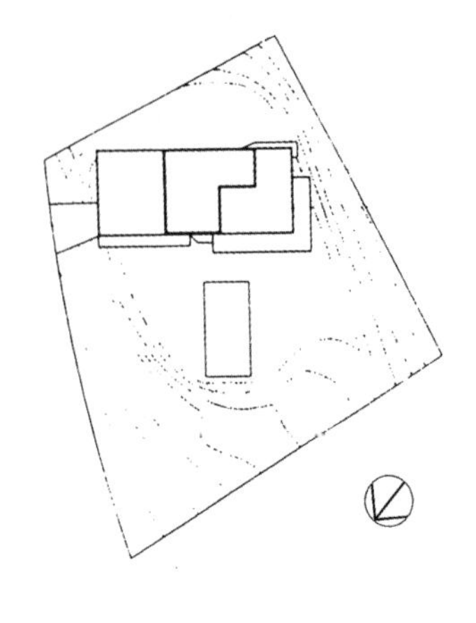

建筑师J. 格德斯在1959年到1960年间设计了大量的住宅，取得了不少经验。这些经验为他设计自己的私人住宅提供了方便。他的家建在一块面积为1800平方米的坡地上。

整幢住宅占地面积300平方米，分别建在三个不同高度的平台上，以顶层部分最为突出。整幢楼只由四根圆柱支撑，无论是平面与凸起部分之间的过渡，还是虚与实之间的变化，都充分体现了格德斯精巧细致的建筑原则。

长而平坦的水平阳台不但使起居室免受阳光的直射，还把整幢住宅楼一分为二（阳台面积与居室面积各占一半），似乎在与限定它们面积的外墙相抗衡。当房间的外门全部打开时，阳台就变成了一个个悬浮在空中的大露台。

↑ 3外观

# 58. 科努班大楼

*地点：布宜诺斯艾利斯，阿根廷*
*建筑师：E. 卡森斯泰茵，E. 科科雷克事务所*
*设计／建造年代：1973*

这幢位于布宜诺斯艾利斯市北卡塔利娜区的高层办公楼与众不同的特点也正是它的最成功之处：它的东立面俯视拉普拉塔河河岸，为一面玻璃幕墙；而其西立面则俯瞰本市市容，是一面砖砌的几乎无窗的墙。

该楼独具一格的建筑风格是由气候因素决定的，也体现了“建造一个理想化的完美建筑”的方针。同时，它又是一个城市的隐喻：拉普拉塔河岸上方的玻璃塔楼正立面，让人联想起本市的建立，而俯视阿莱姆大街的西立面似乎无视这座以河为代价进行发展的城市的存在。从更深远的意义上讲，大楼的东立面充满希望地眺望着拉普拉塔河，而其西立面则忘记了这个城市。

科努班大楼采取了钢筋混凝土结构，目的是把支撑物的数量减至最少并由此获得最大的灵活性。楼层自由地向东部伸展，与西面砖楼之间有道路和服务设施相连。西面的砖墙上开设了一个个小窗，消解了其严肃的面貌。合理利用空间是室内设计的关键，而外观采用洗练但不夸张的手法产生一种创造性的建筑风格。

↑ 1 外观

# 59. 坦巴乌饭店

地点：若昂佩索阿，巴西
建筑师：S. 贝尔纳德斯
设计/建造年代：1975

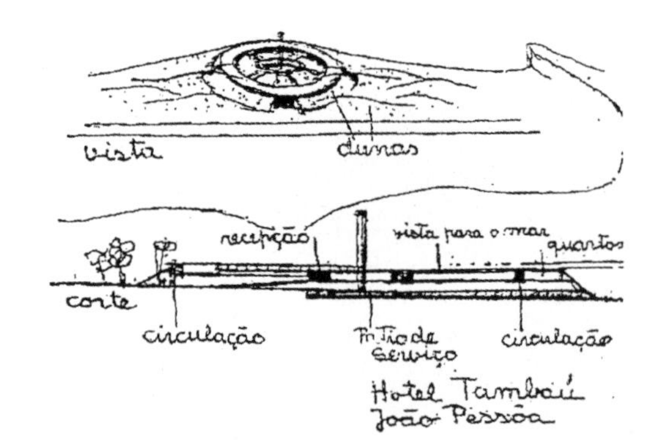


→ 1 设计草图
↓ 2 外观

S. 贝尔纳德斯无疑是20世纪巴西最杰出的建筑设计师之一。他众多的作品主要具有研究和技术探讨价值，其中既有大量的住宅和其他建筑物，也有大规模的景观设计，甚至还有一架飞机。他为“坦巴乌”五星级饭店做的设计，打破了传统的建造多高层饭店的观念，成为巴西东北部半原始状态城市中的一景，几乎成了自然景观的一部分。

饭店由两个同心圆

↑ 3 鸟瞰

环组成，每个圆环含有100套带阳台的房间，还有礼堂、商店、餐馆和服务设施。两圆共同朝向一个带游泳池和花园的中心庭院。饭店建在两个海滩之间，与潮汐相嬉：涨潮时分，整个饭店都浸在水中；而退潮时，海水从环抱着它的圆圈中慢慢下降，重返海洋。

# 60. 墨西哥学院

*地点：墨西哥城，墨西哥*
*建筑师：T. G. 德・莱昂，A. 萨布鲁多夫斯基*
*设计/建造年代：1975*

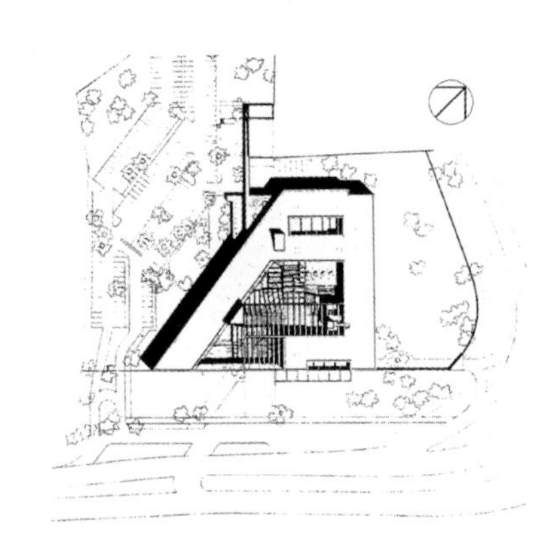

→ 1 总平面图
↓ 2 下层平面图
↓ 3 入口层平面图

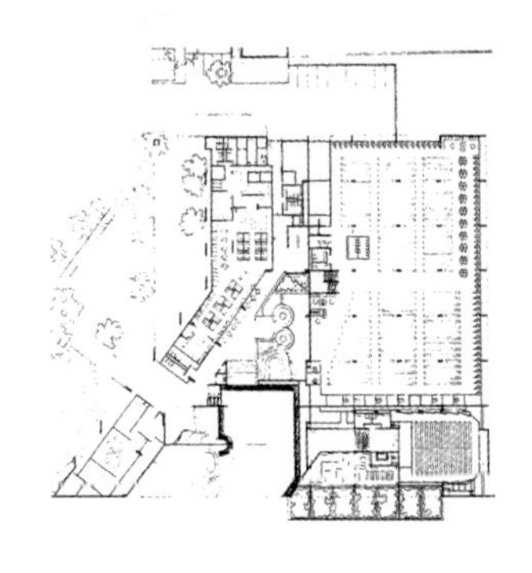

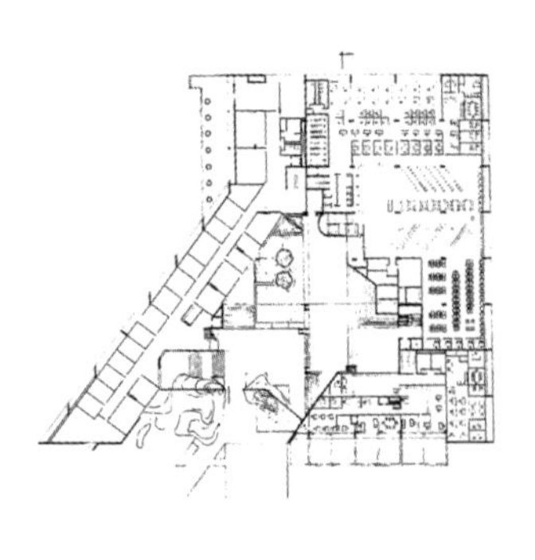

这座高等教育研究中心建在一个地势崎岖不平并被火山岩所覆盖的地区。学院围绕着一个中央院落建成，从那里可以到达图书馆、礼堂、教室等主要的建筑，这一设计遵循了新西班牙总督辖区时期修道院和学校回廊式建筑的特点。这个院落呈不规则四边形，这里有地下咖啡馆，上面是研究者们的住所，这使得这一区域成为学院的集会地和信息中心。由于在墙体和楼层的建造中都使用了经过凿子处理的混凝土材料，这座采用了水平框架结构的建筑就显现出了一种整体性特点。

↑ 4 外观
↓ 5 上层平面图
← 6 顶层办公平面图

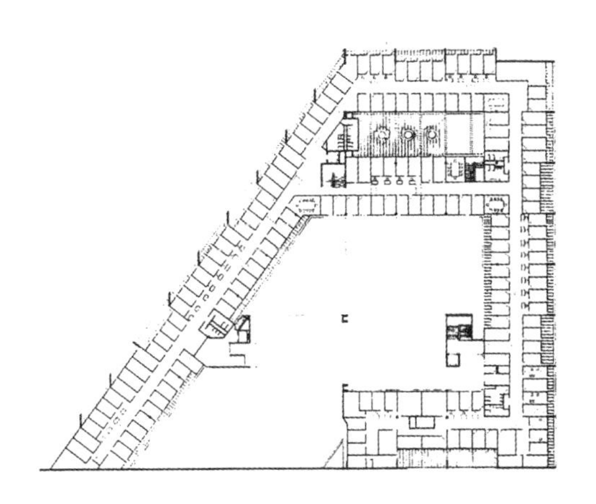

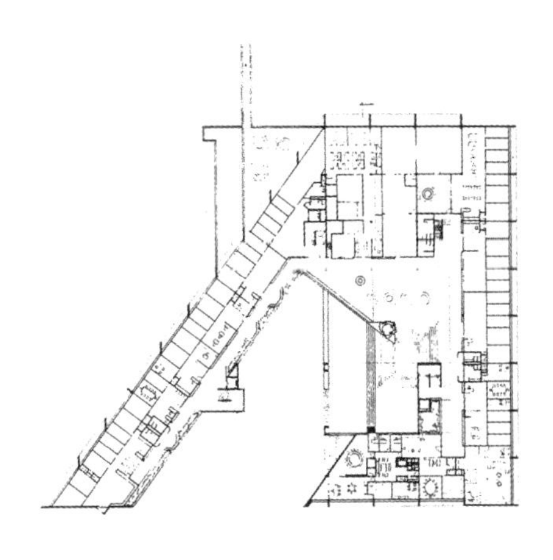

# 61. 建筑师工作室

*地点：墨西哥城，墨西哥*
*建筑师：A. 埃尔南德斯*
*设计/建造年代：1976*

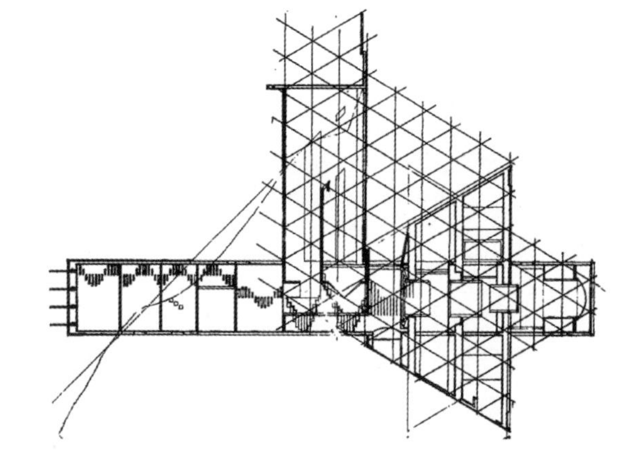

→ 1 平面图
↓ 2 室内俯视

尊重自然环境的愿望以及坡状地形的局限，使建筑师在设计时采用了一个大胆的解决方法，其灵感来源于树木的形状。这一结构设计表现了一个非常明显的建筑体系：树干起稳固支撑作用，而树叶则起最后的装饰作用。装饰部分由四个多面体构成，其中，两个起压缩作用，两个起舒张作用，由12根柱端经过强调处理的立柱支撑。建筑结构以混凝土材料为基础，不论是

个 3 外观

地基还是入口处的桥，都具备抗震性能。房屋内部空间与建筑的外部风格保持一致，均采用了前哥伦布时期的风格，营造了一种使人振奋的工作气氛。

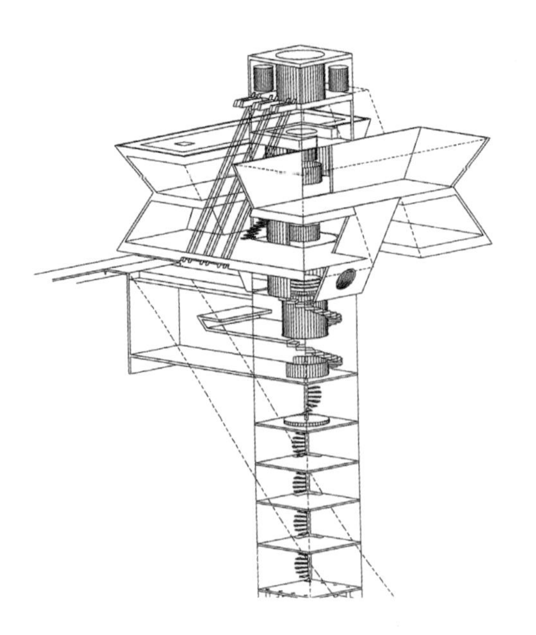

↑ 4 从室内向外看
← 5 轴测图

# 62. 阿根廷国家电视台

*地点：布宜诺斯艾利斯，阿根廷*
*建筑师：F. 曼特奥拉，J. S. 戈麦斯，J. 桑托斯，J. 索尔索纳和 C. 萨拉伯瑞建筑师事务所*
*设计 / 建造年代：1978*

为阿根廷国家电视台设计建造的作品是曼特奥拉、戈麦斯、桑托斯、索尔索纳和萨拉伯瑞建筑师事务所设计的最出色的建筑作品之一。这家事务所创立于20世纪60年代，它参与了阿根廷当代建筑的发展。建筑师们为电视台大楼设计了一个略带坡度的屋顶，屋顶上还有各工作室的四个立方体，用这种方式解决了占地50000平方米，包括播映间、工作间、办公室在内的独立建筑的设计问题。屋顶被利用起来以保持与周围公园的一致性。屋顶上修建了一个包括人工

↑ 1 外观之一

↑ 2 外观之二

湖、小岛、水道在内的屋顶花园和包括一个柱廊在内的广场。大楼内部的交通路线各自分开，但同时又将大楼内的各个相关单位联结在一起。封闭与开放部分之间的过渡则是由意味着那种“阐释”的因素（周围的气窗，半透明的材料的使用，以及在接待厅周围开设采光区）来实现的。

↑ 3 鸟瞰
↑ 4 外观之三

# 63. 马德普拉塔足球场

*地点：马德普拉塔，阿根廷*
*建筑师：A. 安托尼尼，G. 舒恩，E. 森伯拉恩，J. C. 费尔文萨，M. 霍尔*
*设计 / 建造年代：1978*

↑ 1 外观之一

由A. 安托尼尼、G. 舒恩和E. 森伯拉恩组建的事务所于1961年开始营业。后来，J. C. 费尔文萨和M. 霍尔也加入了这家事务所。该事务所出色地完成过各种类型的建筑设计，并以此确立了其在阿根廷建筑领域中的卓越地位。马德普拉塔是位于布宜诺斯艾利斯市东南400公里处的大西洋滨海城市，在这里修建这个足球场是由于1978年的世界杯足球赛在阿根廷举行。这座建筑的突出之处就在于交通的便利性，观看比赛的绝好视觉效果，特别是它与环境的协调——尽管体育

↑ 2 外观之二

场被建在一片较平坦的土地上，建筑仍尽量顺应地势，就像是平台上的一个轻微的波起，而那些支撑看台遮篷的支柱也使体育场与周围环境和谐一致。

# 64. 胡利奥·埃雷拉与奥贝斯仓库

*地点：蒙得维的亚，乌拉圭*
*建筑师：E. 迭斯特*
*设计/建造年代：1978*

这座仓库是设计师在为旧仓库的再建而举行的设计竞赛中获奖后才建造的。工程师E.迭斯特认为旧仓库的拆除工程不太恰当，不经济实惠。出于这个原因，设计师提议利用旧仓库原有的砖结构，对其进行适当的改造，在围墙上搭盖一个50米高的拱状屋顶。旧仓库的墙壁上被覆盖了一层砖石，这样既可以保护旧墙，也可以保留旧仓库那优美的外形。旧的砖石结构上有必要的防风装置，在覆盖新砖石层时，保持了原有的布局比例。在抵御风力对仓库墙壁的影响的过程中，那些壁柱确实起到了不可或缺的重要作用。以这种方式，迭斯特在拥有百年之固的砖石墙壁与50米高的顶棚结构之间建立起一种和谐一致的关系，并保持了各建筑平面和墙壁布局细部的原有比例。

这座仓库最后成为迭斯特最伟大的作品之一。现在，这座仓库为占地4200平方米、顶棚高50米的蛋壳状结构（没有立柱支撑），圆屋顶的厚度为12厘米。整个建筑采用钢筋混凝土结构。

↑ 1 外观

# 65. 阿哈克斯西班牙复式家庭公寓楼

*地点：利马，秘鲁*
*建筑师：E. S. 纳什*
*设计/建造年代：1979*

既保持独立住宅的优点，又兼顾空间不足的现实和当今社会提出的必须增加人口密度的要求，一向是一个艰巨的设计任务，而它竟然在这所复式单元的公寓中成功地得到了解决。这个两难问题的答案就是有效地利用跨越两层楼的带露台的部分，将其设计成一套房间。

同样，该楼的建筑风格也对植被与色彩的运用提出了要求，并建立了集中通道，以此作为利用大楼空间结构的一种方式。阿哈克斯西班牙复式家庭公寓楼完美地与周围相邻的住宅融为一体。

公寓楼由两部分组成，中间轴心部分是一个分成三段的楼梯。整幢大楼建在半层之上，这样就充分利用了地基部分，使之成为一个停车场。一层包括两个跨越两层楼的带露台的套房和两个跨越三层楼的套房，每套均有三个房间。二层是两套跨越两层楼的套房，每套为两个房间，三层是一个由三个卧室组成的顶层套房。其中顶层套房和电梯是原来设计中所没有的。

↑ 1 外观

# 第 2 卷

## 拉丁美洲

*1980—1999*

# 66. 厄瓜多尔金融公司办公大楼

*地点：基多，厄瓜多尔*
*建筑师：O. 瓦彭斯坦，R. 哈科梅*
*设计 / 建造年代：1980*

要想有效利用每一寸空间，建筑就必须设计得完美无缺，这样才能使问题得到根本的、令人满意的解决。然而，如何处理私人空间和传统的办公室间的交流问题在当时的设计水平下仍未得到解决。因此，寻求适宜的解决交流问题的手段就成为一个长远而又基本的目标。下面诸项是厄瓜多尔金融公司办公楼所具备的一些特点：

——建筑呈斜行走向，使采光充足，视野广阔；

——在城市环境下的门廊设计；

——“公园—街道—门廊”间有机地联系；

——未做任何设计的楼底广场，便于适应组织性标准的更改；

——为使用者提供了“创造”个人环境的机会；

——得以充分展现的结构形式；

——“朴素”之处体现出的“简明”风格。

↑ 1 外观

# 67. 曼萨尼略城堡住宅（贵宾楼）

*地点：卡塔赫纳，哥伦比亚*
*建筑师：R. 萨尔莫纳*
*设计/建造年代：1981*

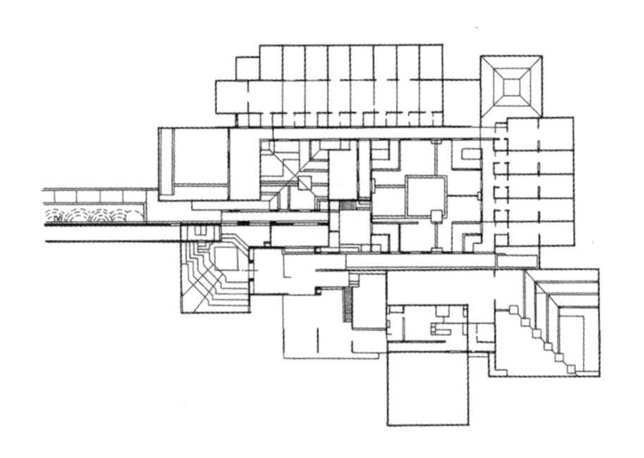

← 1 平面图
→ 2 外观

↑ 3 庭院

这座住宅与圣胡安·德·曼萨尼略城堡一起构成一个建筑整体，城堡是殖民地时期为保卫卡塔赫纳湾地区而构筑的防御工事。住宅建立在一个院落系统的基础之上，每个院落都有自己的特点。其中有两个院落特别重要，因为在它们周围集中了整个城堡的防卫设施；其他院落则形成了沿通道轴线的各个空间，成为一些不公开区域的补充空间。整座建筑的风格非常

庄严，与它带来的丰富的感官效果形成了对照。城堡围墙是以珊瑚色石料垒成的毛石工程，屋顶呈拱状，砖铺的地面，连通各处的水道，绿树成荫、繁花似锦，这一切都汇集在一个宁静、动人的环境之中。

# 68. 鲁菲诺·塔马约博物馆

*地点：墨西哥城，墨西哥*
*建筑师：T. G. 德·莱昂，A. 萨布鲁多夫斯基*
*设计/建造年代：1981*

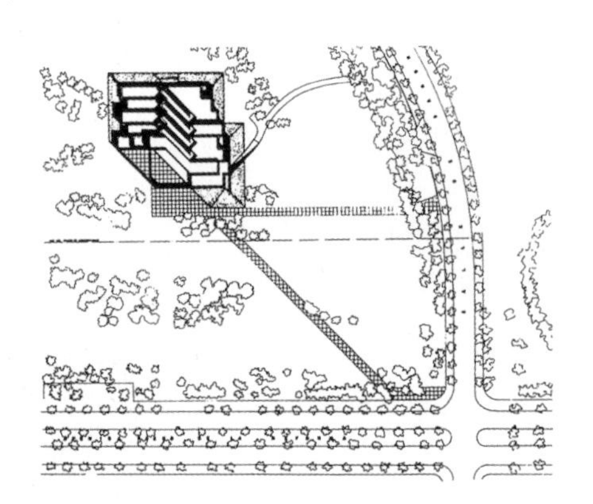

← 1 总平面图
↓ 2 外观之一

鲁菲诺·塔马约博物馆位于查普尔特佩克公园，这一得天独厚的地理位置也正是博物馆建筑设计的一个有利因素。博物馆的建造地点是呈阶梯状的覆盖着植物的斜坡，其混凝土外观就要尽量寻求与周围的环境保持和谐一致。博物馆内部空间呈多角形，围绕在一个漂亮的室内庭院周围，通过一条沿坡而下的连续而明亮的通道联结在一起——这些都是绘画和雕塑作品的

↑ 3 博物馆内景
↓ 4 平面图之一
← 5 平面图之二

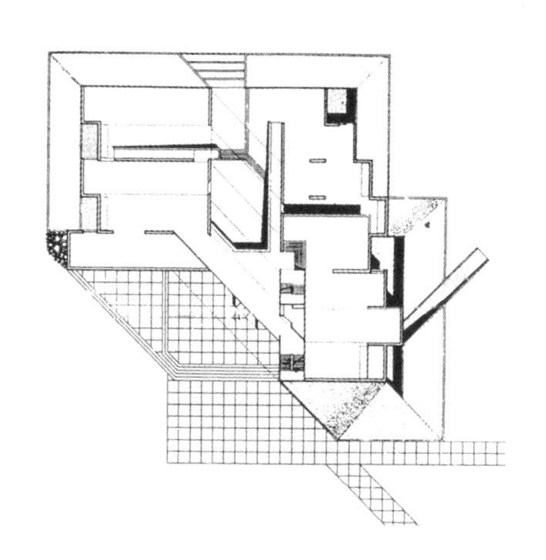

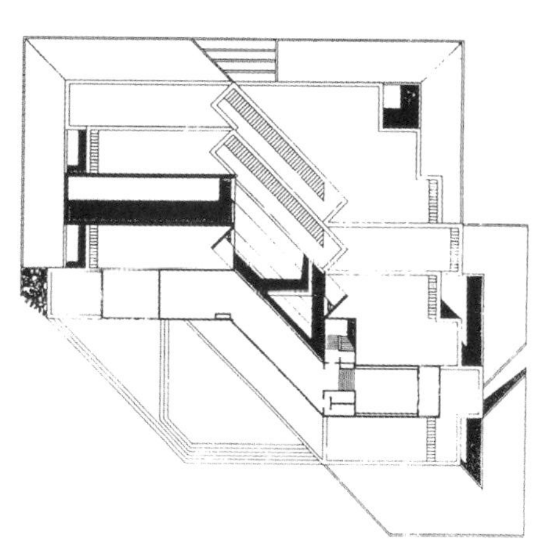

↑ 6 雕塑之一

展厅，也可以举办短期展览。所有大厅的宽度都是7.2米，但长度和高度都不相同。尽管展厅也有自然采光措施，并有开向植物园的门窗，但对艺术品的照明基本上还是以人工光为主。此外，博物馆还设有一个礼堂和技术、管理区。

↑ 7 雕塑之二

→ 8 外观之二

# 69. 秘鲁空军学院

*地点：利马，秘鲁*
*建筑师：J. 巴拉科*
*设计 / 建造年代：1981*

秘鲁空军学院坐落在利马市南区的拉斯帕尔马斯空军基地，自1945年起一直为秘鲁空军培养军官。

学员区位于基地的北部，是围绕一个南北走向的中央大操场建造的。以这个大阅兵场为轴心，学员区不但再现了基地原有的风貌，而且把楼房馆舍和那些特殊设施融进了一所城市校园。

大阅兵场的入口处耸立着那座被戏称为“拘役楼”的建筑和军事系大楼，其东面是宿舍区，西面是饭厅大楼和服务区，北面是体育设施区。

宿舍区是学员住的一排排营房。这是一个“微型城市”系统，由两条大街组成，一条呈纵向布局，与另一条交叉，形成一个“T”字形，这是出于教学目的设计的。

这个“微型城市”系统的院落间有桥梁相连，而这两条呈“T”字形交叉的大街则成为连接整个系统的前部、桥梁和进入营房与晚自习室所必经的阅兵场之间的一个链环。上晚自习，是常规军校生活的典型特点。教室是一座三层楼的建筑。

饭厅大楼也被用来搞一些社会活动及娱乐休闲活动。它包括一个空军俱乐部、一个会议室、几间接待室、一个真正的饭厅、一间主厨房、一间副厨房和为整幢大楼提供电力的电能供应系统室。

大阅兵场的前面，是一座五层楼的门房，有不同的道路通往各个地点，阅兵场的后面是服务区和能源系统区，经过一个停车场即可到达。

整个学院的一个基本特点就是巧妙地运用了光圈一样的金属板，以造成不同的光影效果，使学院各个部分按照设计要求分别取得了不同的明暗环境。有的部分是真实的自然光影，有的则是通过金属板的围拢或交叉形成的人工光影。

↑ 1 大饭厅

# 70. 文化广场

*地点：圣何塞，哥斯达黎加*
*建筑师：E. 巴尔加斯，J. 博尔东，J. 贝尔特奥*
*设计 / 建造年代：1982*

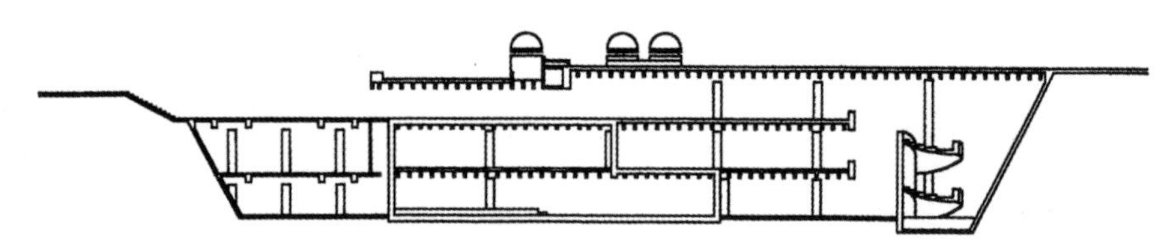

↑ 1 剖面图
↓ 2 总平面图

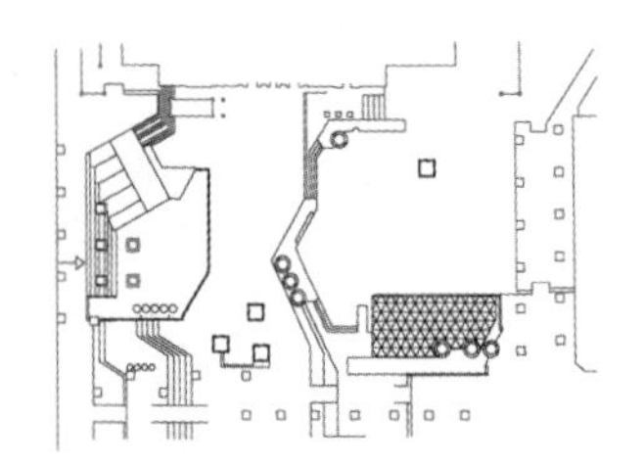

圣何塞文化广场位于哥斯达黎加20世纪最重要的剧院——国家剧院的左面，是哥斯达黎加20世纪修建的第一座此类型的广场，由建筑师E. 巴尔加斯、J. 博尔东和J. 贝尔特奥联合设计完成。地面层是露天广场，为举办各种户外展览提供了场所。地面以下分为四层，包括四个展厅。其中两个展厅被建为“黄金博物馆”，一个是“古钱币博物馆”，而第四层的展厅中展示的则是哥伦布到达美洲之前的陶器和属于哥斯达黎加中央银行的国家艺术品。全部建筑为混凝土结构，其内部形态是一个巨大的六边形空间，被地板和顶棚将其隔为几层，有立柱和其他垂直的连接物相连，形成不同的层面。按照模数设计的倾斜的混凝土路与广场的地下部分相通，主楼梯则通向一个舒适的充满建筑趣味的散步场所，其尽端是一座花园。

↑ 3 鸟瞰

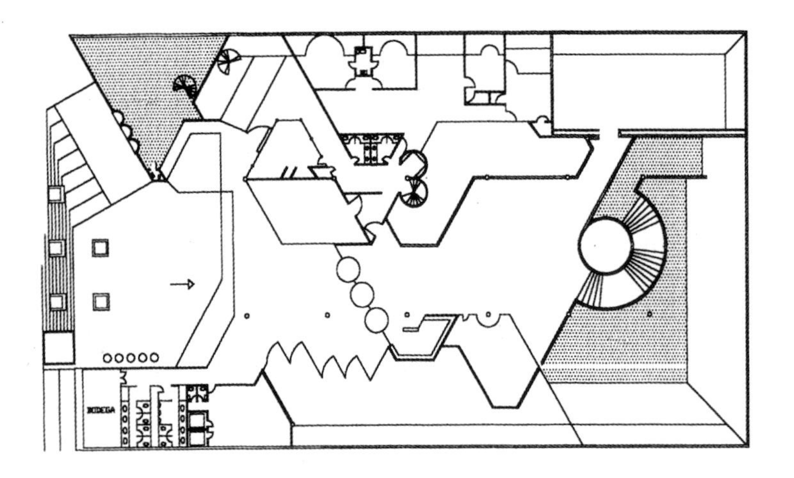

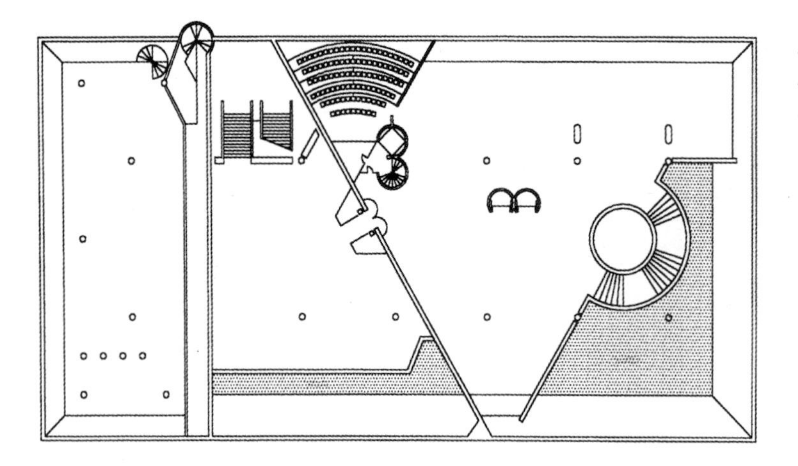

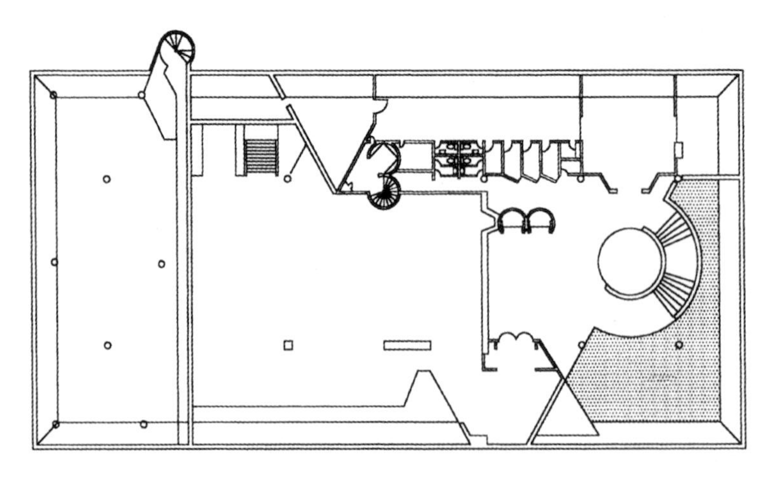

↑ 4 4.5 米标高处平面图

← 5 8.5 米标高处平面图

↓ 6 12.5 米标高处平面图

# 71. 联邦建筑工程学院

*地点：圣何塞，哥斯达黎加*
*建筑师：H. 希梅内斯*
*设计 / 建造年代：1982*

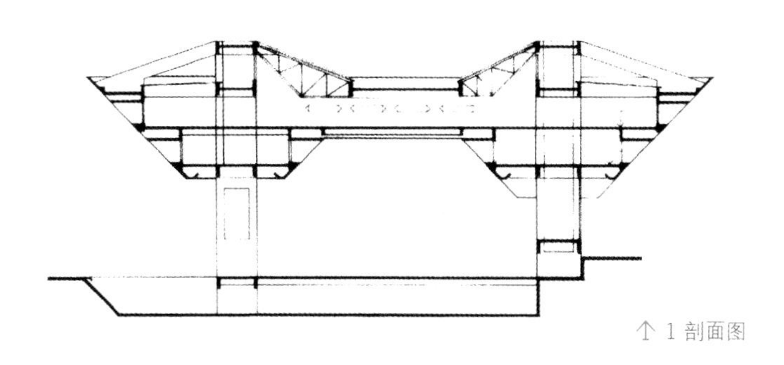

↑ 1 剖面图

在全国“联邦建筑工程学院办公楼”设计竞赛中，一等奖被外国评委授予了建筑师H. 希梅内斯。尽管这同该国其他的一些建筑设计方案一样，是一个比赛的结果，反映了对于一个建筑究竟应采取何种形式的当代看法，人们还是对其处于咖啡种植园内的地理位置和外形进行了大量批判。

大楼的主体是两座平躺放置的没有尖顶的金字塔形建筑，由一架桥相连，其中由高到低依次分布着普通办公室、学院的办公室和服务设施。

两座钢筋混凝土结构的金字塔的纵端由一座钢桥架起，门厅上部的敞阔空间里有一架螺旋形楼梯和几部电梯。门厅与更低的礼堂、多功能厅相连，最底层是咖啡厅和服务设施。现在，由于自然景观的改变，虽然这幢大楼已显得很不协调，但它已经成为圣何塞市最有代表性和历史性标志的建筑。

↑ 2 外观

# 72. 圣文森特市场文化中心

*地点：科尔多瓦，阿根廷*
*建筑师：M. A. 罗加*
*设计/建造年代：1985*

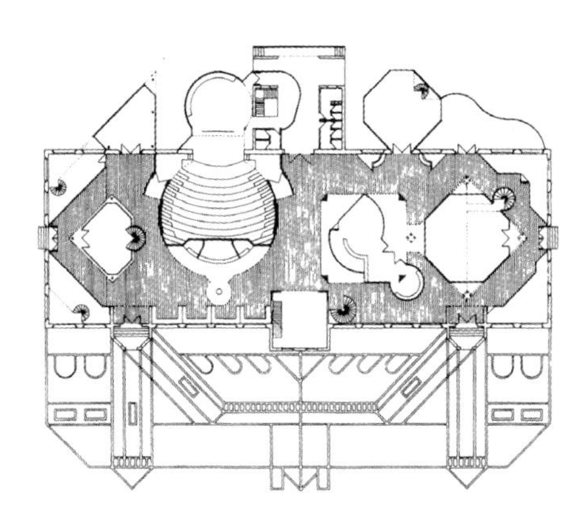

1 平面图

M. A. 罗加1940年出生在科尔多瓦，毕业于国立科尔多瓦大学（1965年），并曾成为路易斯·康的学生和合作者（1967—1968年），是阿根廷当代最著名的建筑师。尽管在国外和阿根廷国内的其他许多地方都有罗加的作品，但不论从建筑学角度还是从城市规划的角度来看，他在科尔多瓦市和科尔多瓦省境内的作品都值得我们特别地关注。罗加为恢复、歌颂、巩固阿根廷最古老的城市——科尔多瓦（建于1573年）的城市面貌做出了巨大的贡献，圣文森特市场文化中心（1980—1985年）便是其中的代表。罗加没有将三个旧市场拆除，而是对其重新利用，将它们变成了文化中心和交流场所。这三个旧市场中有一个是建于1927年的圣文森特市场，通过这个市场的建筑，建筑师构建了一种内/外景观，并由此产生了一个与周围环境相联结、交融的纯净的室内空间，同时又保持了它们原有的形态。这一设计给建筑带来了一种断裂式的、不规则的、紧张的空间效果，并且与墙壁上画出的丛林以及绘有白云的天蓝色顶棚一起创造了幻觉般的效果。

↑ 2 内景

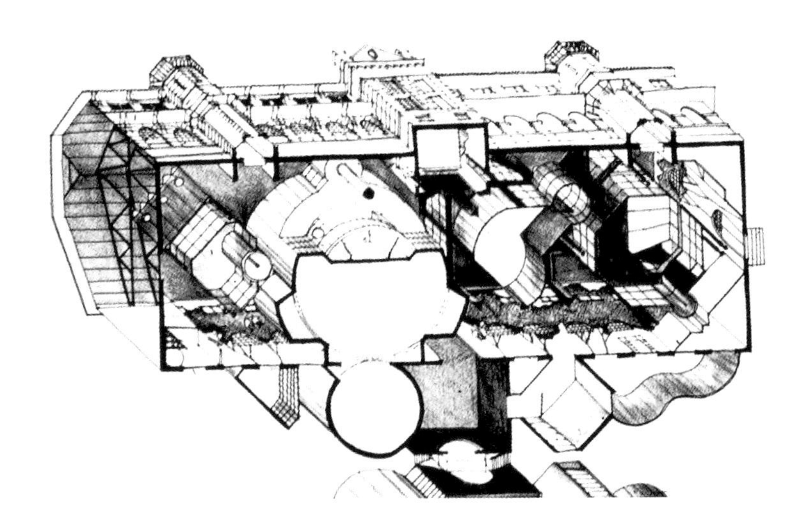

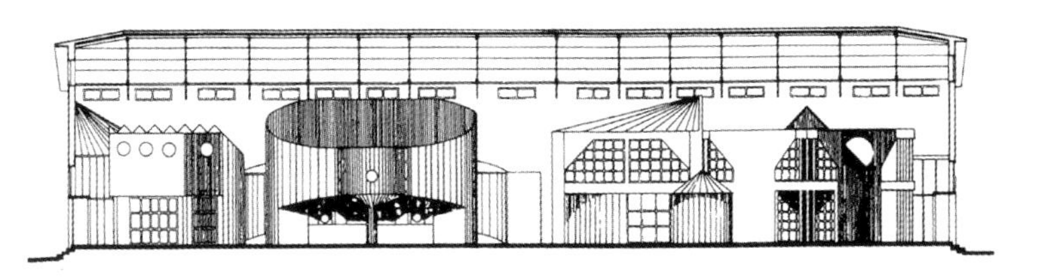

↑ 3带有轴测立面的底层平面图
→ 4剖面图
↓ 5内景图

# 73. 庞培娱乐中心

*地点：圣保罗，巴西*
*建筑师：L. B. 巴尔迪*
*设计/建造年代：1986*

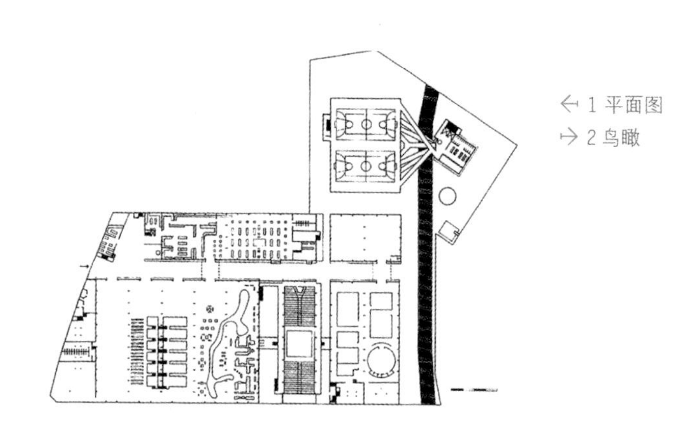

← 1 平面图
→ 2 鸟瞰

20世纪初在圣保罗市郊一座工厂的废墟上设计建造一个文化体育综合中心，使L. B. 巴尔迪面临着一个挑战——运用现代技术矫正现存的工业结构。L.B.巴尔迪出生于意大利，1947年移居巴西。1950年，他因设计圣保罗美术博物馆而闻名。这座建筑因其大胆的结构和新颖的设计宗旨——使艺术大众化——而引起了不小的争议。但是L. B. 巴尔迪在庞培娱乐中心的设计上展现的是另外一种特色。在这里，人们再次呼吸到远古的文化气息，而建筑结构历经岁月的流逝却保持了威严与庄重。

原有的工厂、仓库被更新为画室和文化用地，巴尔迪又在厂区的后部建造了两幢大楼。最大的一幢是一个五层楼高的素混凝土建筑，俯瞰着圣保罗市。建筑采取了阿米那形式的结构，有一个复式楼梯。楼内有一个游泳池和各种运动中心，所有场所都有通道与服务区相连。另外一个建筑是一个70米高的圆柱形水塔，替代了原来的旧烟囱。勾勒出建筑轮廓的素混凝土在建造时留下的痕迹清晰可见。

↑ 3 外观
↦ 4 内景之一
↓ 5 内景之二

↑ 6 大厅

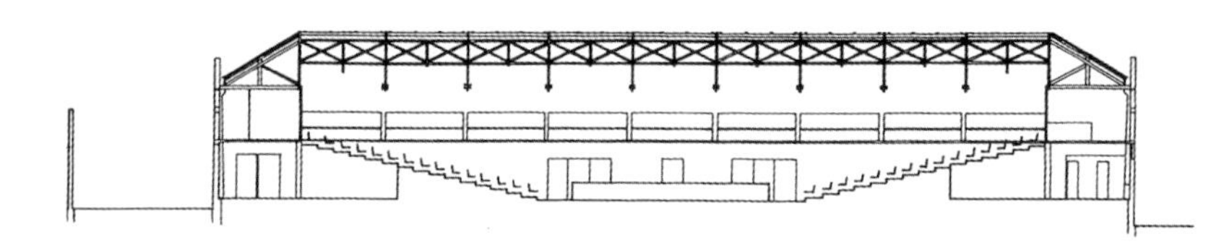

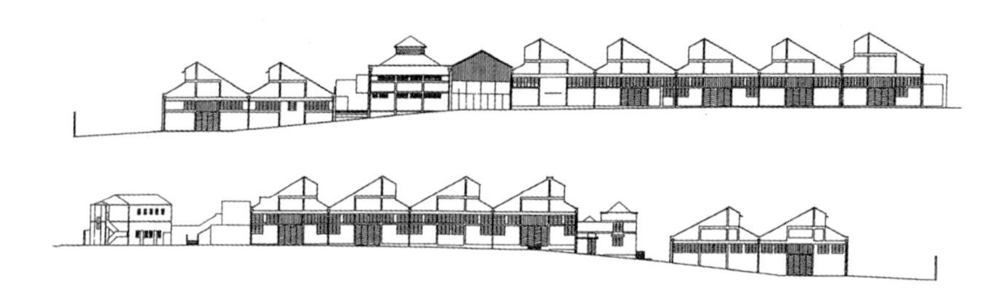

↑ 7 剧院
← 8 剖面图
↓ 9 立面图

# 74. 花旗银行中央办公大楼

地点：圣保罗，巴西
建筑师：R. 阿弗拉洛，G. 加斯佩里尼
设计 / 建造年代：1986

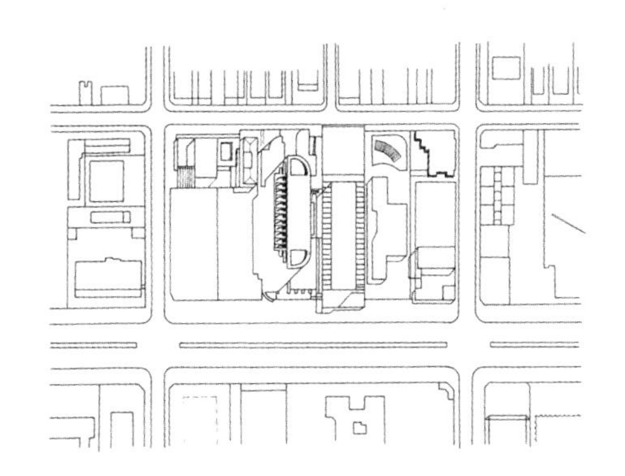

← 1 总平面图
↓ 2 内景

从1980年起，办公塔楼的设计成为巴西国内几个主要城市中大量建筑设计研究活动的一块肥沃的实验田。那个时代，一些大型跨国公司开始在世界性大城市中寻找办公地点，于是涌现出一大批办公楼设计方案，圣保罗市花旗银行的办公塔楼就是这批设计中的典范。

该塔楼正巧位于圣保罗市主要大公司聚集的经济中心区，地处大街的拐角处，面朝两个方向。在

此处建楼的大前提就是可以向客户宣传其银行的形象。

同R. 阿弗拉洛和G. 加斯佩里尼事务所设计的最新作品一样，该塔楼极具结构的表现力。大楼外表呈阶梯形，内部网格状的结构之外覆盖了一层米色与玫瑰红相混合的花岗岩。

↑ 3 全景
← 4 底层平面图
↓ 5 标准层平面图

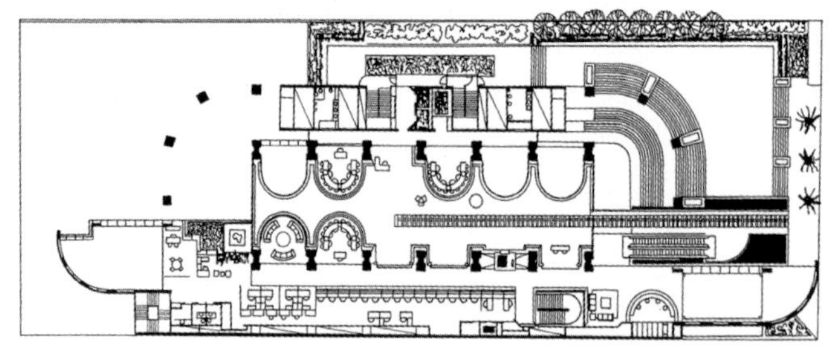

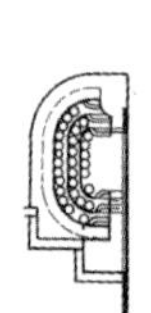

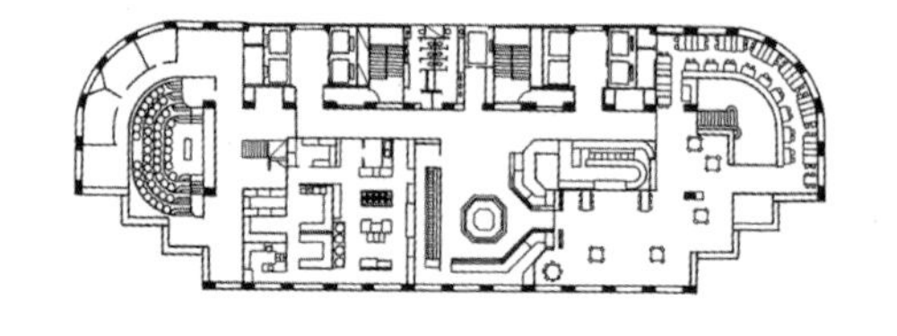

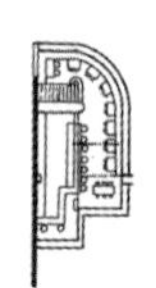

# 75. 大都会剧院

*地点：麦德林，哥伦比亚*
*建筑师：O. 梅萨*
*设计 / 建造年代：1986*

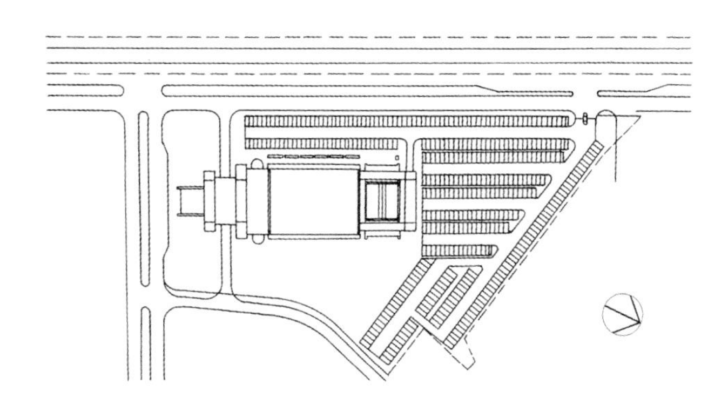

↑ 1 总平面图
↓ 2 平面图

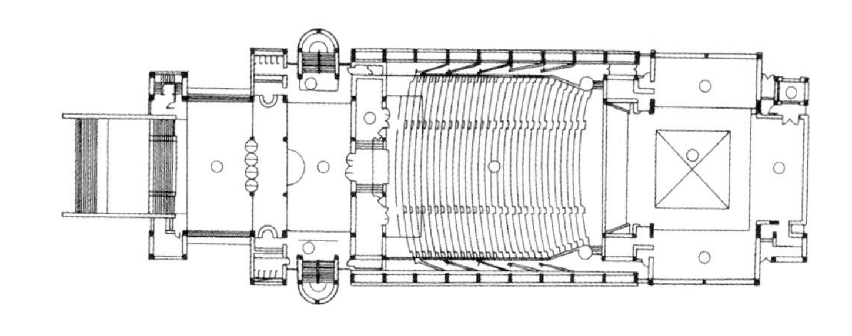

大都会剧院的内部结构有其独具一格的表现力与特点。自大门口观众用的楼梯上来，穿过宽敞的三层楼高的门厅，进入音乐厅的里面，建筑师在此设计了一连串连续的空间。门厅便成为入口与礼堂间的一个宽阔且立体的过渡。被门厅巨大的空间与入口隔断的礼堂内部，亦为一个畅通无阻的宽敞空间。这种规模有别、却构造相似的空间上的连续，大大丰富了剧院的立体结构。礼堂的设计方案十分简洁，建筑师进行了充分的声学研究，使之特别适于欣赏现场音乐。

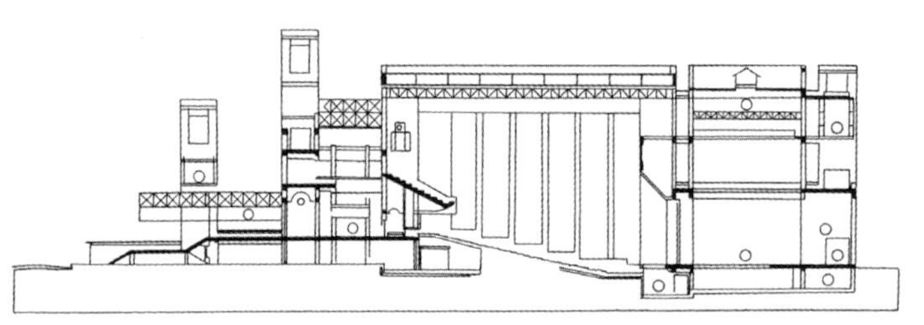

↑ 3 外观
← 4 剖面图
→ 5 内景

# 76. 拉莫塔住宅区

*地点：麦德林，哥伦比亚*
*建筑师：L. 弗雷罗*
*设计/建造年代：1987*

→ 1 总平面图
↓ 2 平面图

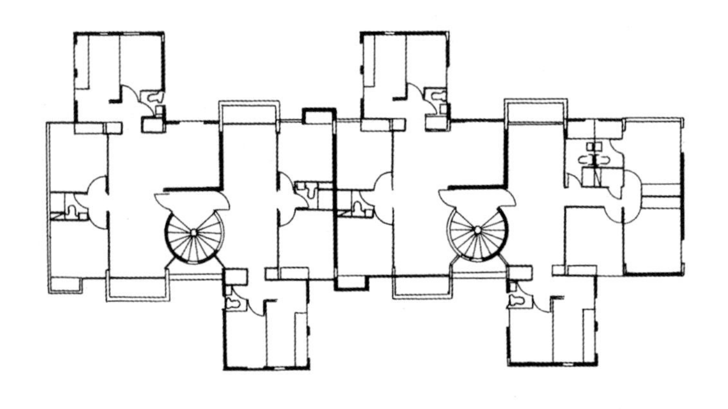

这是一个可供1500户中产阶级家庭居住的住宅楼区。五层楼高的住宅楼在一片宽敞的建筑用地上呈直线状、半圆状或圆弧状排列。在楼区的规划中强调了“街道”的概念，而街道则是由住宅楼建筑的一贯规则来划分确定的。根据一个事先确定的总体计划，建筑工程分阶段完成，这使得人们可以在住宅位置和垂直方向上一些固定点的布置做一些改动。钢筋混凝土结构

↑ 3 外观
↓ 4 立面图
↓ 5 剖面图

和砖垒的围墙看起来非常经济实用，建筑师利用这一点，在建筑外部的处理上继续保持了简洁、直接的风格特点。在总体空间的设计上较为突出的是那些呈小塔状的局部楼体设计。

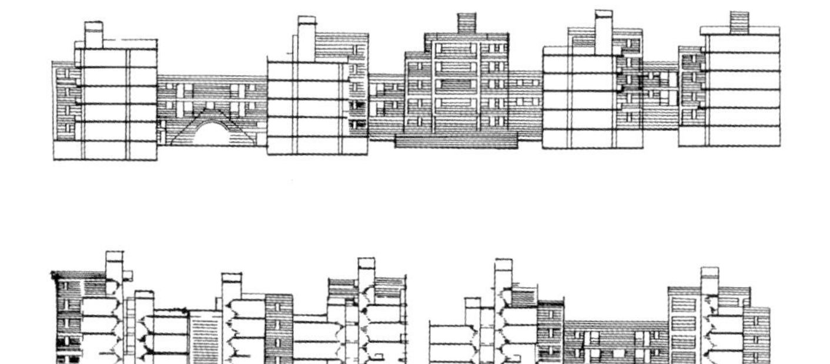

# 77. 巴尔毕那环境保护中心

*地点：巴尔毕那，巴西*
*建筑师：S. M. 波尔托*
*设计/建造年代：1988*

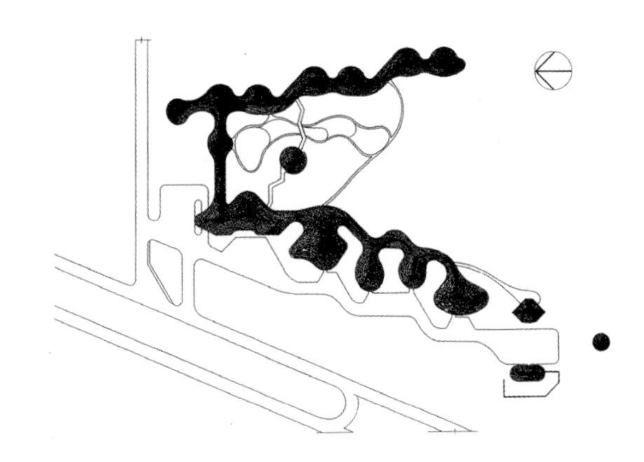

→ 1 屋顶平面图
↓ 2 外观之一

建造巴尔毕那环境保护中心的真正意图是在马瑙斯市附近建立一个研究中心，研究巴尔毕那水电站对环境造成的失衡影响，从而调整战略规划，挽救生态环境。环保中心的设计中，以各种形式最大可能地利用了木材，仿佛在控诉由建造在亚马孙州的巴尔毕那水电站引发的洪水带来的灾难性影响。环保中心的建筑均围绕着中央的一个人工湖修建。湖水自由地流动，在实验室、陈列馆、休息室、住宅楼和住宅服务区办公楼间蜿蜒流淌。

↑ 3 鸟瞰

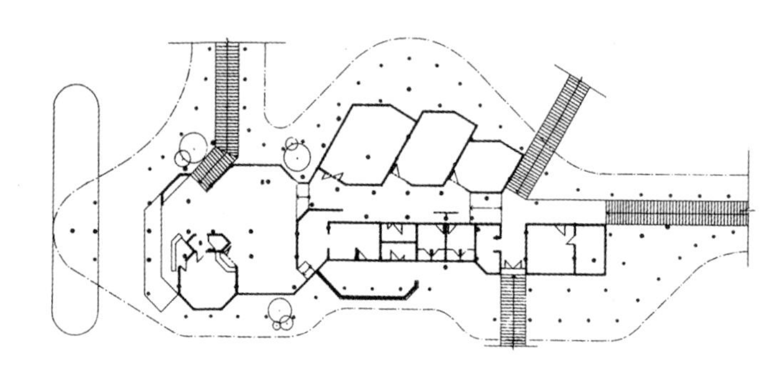

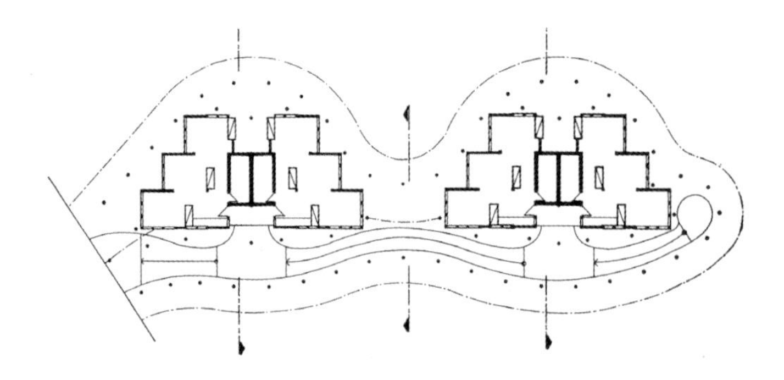

↑ 4 外观之二
← 5 平面图之一
↓ 6 平面图之二

# 78. 利马信贷银行

地点：利马，秘鲁
建筑师：B. 福特 – 布雷夏（建筑设计工作室）
设计 / 建造年代：1988

B. 福特–布雷夏出生于秘鲁，曾在美国的普林斯顿大学和哈佛大学就读，之后，又在1977年与L. 斯皮尔一道在迈阿密组建了他们的建筑设计工作室。经他之手设计的建筑绝大多数位于迈阿密，但是，秘鲁、委内瑞拉、波多黎各、法国、卢森堡、印度尼西亚、菲律宾和中国等国家亦有他的作品。

信贷银行被公认是再现以庭院建筑为特色的“西班牙美洲”历史风格的经典之作。它位于利马市，建在安第斯山脉的一个山口上。它的设计是努力调和大自然与都市化之间矛盾的一次尝试。建筑师的处理方法是运用大量的几何形状，以不同的材质和交错变化的形态变刻板为柔和。因此，大楼精美的整体与各部分之间构成了鲜明的对比，并谱写了严肃与优雅之间的一段对话。

福特–布雷夏说过，他相信“所有的、现代主义的基本原则”，并且受到了“机能主义与纯粹形态学标准以及一些设计师，如A. 阿尔托、勒·柯布西耶和O. 尼迈耶等严肃的表现手法的影响”。

↑ 1 外观

# 79. 中央办公大楼

*地点：贝洛奥里藏特，巴西*
*建筑师：E. 马亚，M. J. 德 · 巴斯孔塞略斯*
*设计/建造年代：1989*

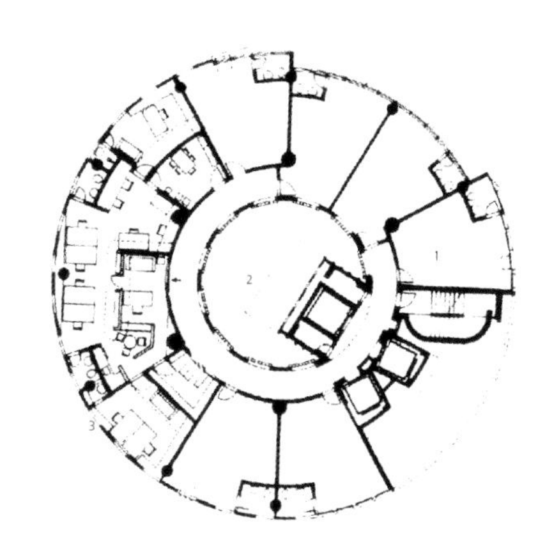


← 1 平面图
↓ 2 剖面图

巴西利亚的建筑高潮结束之后，巴西的建筑业经历了一段艰难困惑的时期。一方面是由于已经拥有了设计大师们无可比拟的经典作品，而其追随者却只知一味地模仿；另一方面，涌现了不少迥异的、充满挑战的甚至叛逆的设计思想。E. 马亚和M. J. 德 · 巴斯孔塞略斯就是这样一批叛逆设计师中的佼佼者。两人均于军事独裁统治下的最黑暗的20世纪60年代毕业，面对

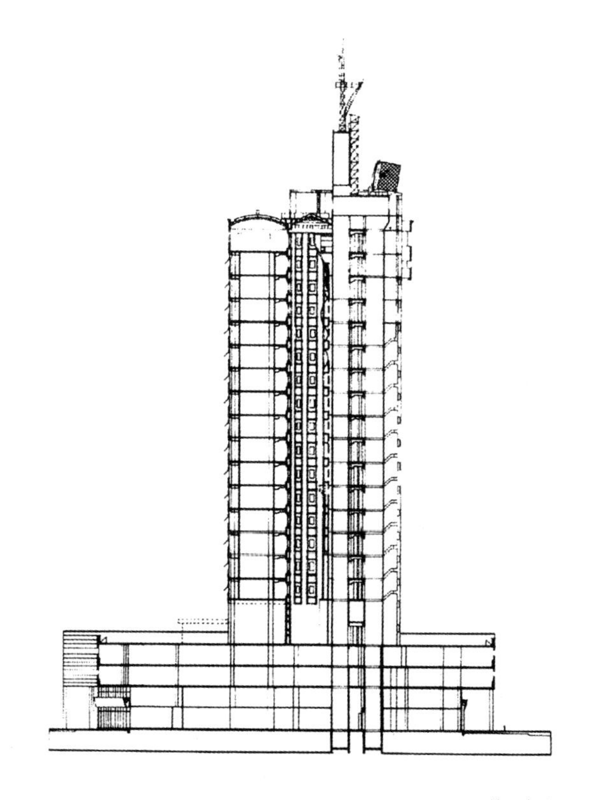

← 3 外观之一

已经建立起来的秩序，二人就像年幼无知的孩子一样，感到束手无策。到了80年代，他们成为后来被称作“巴西后现代主义建筑”的代言人，也因此而毁誉参半。他们的作品主要集中在巴西的第四大城市——贝洛奥里藏特，这里只有大量的殖民时期的建筑和O. 尼迈耶设计的潘普利亚娱乐中心。

中央办公大楼建在一个街角处，体积庞大，色彩绚丽。大楼呈环状布局，中央形成了一个圆柱形的自然采光的空间，电梯就设在此处。大楼正立面的玻璃表面被交错的光影覆盖，减少了阳光的热效应。

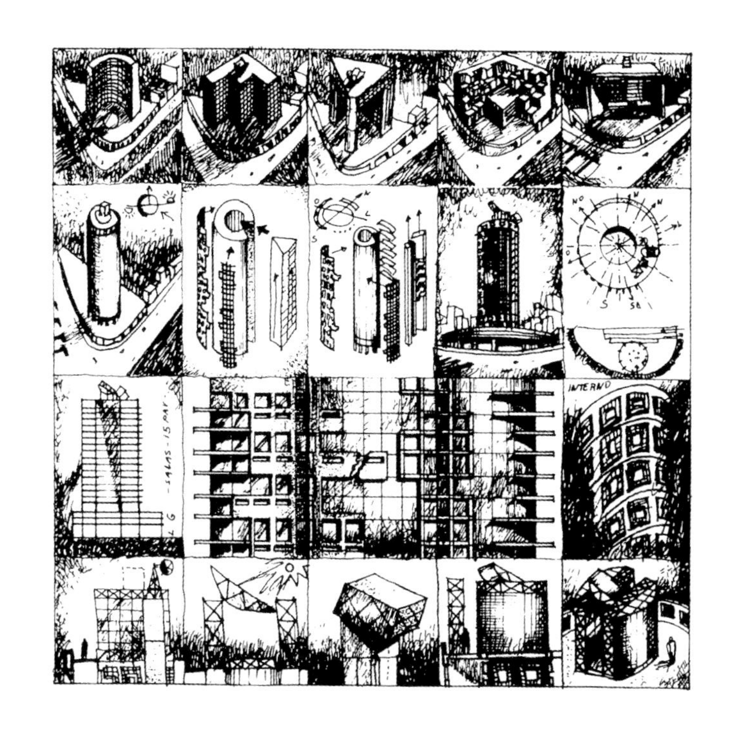

↑ 4 设计草图
→ 5 外观之二

# 80. 布拉德斯科基金女子学校

地点：奥萨斯库，巴西
建筑师：L. P. 孔德
设计/建造年代：1991

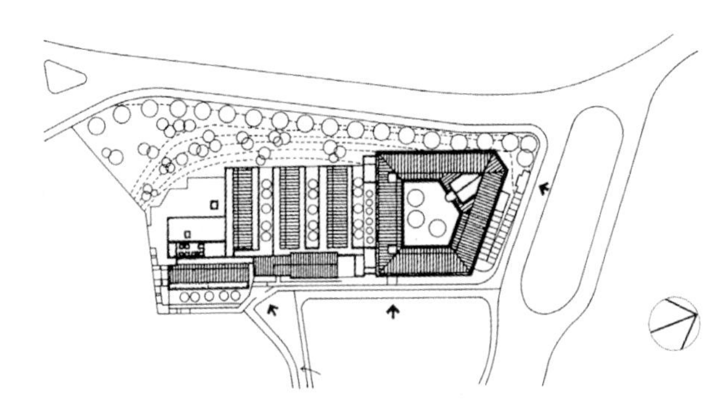

→ 1 总平面图
↓ 2 中央庭院另一角

自许为“一名崇尚现代主义的建筑设计师”的L. P. 孔德，在设计该学校时，曾在里约热内卢的“装饰派艺术”中寻求灵感。这座学校的设计体现了他一贯的设计风格，并依循了主顾提出的功能性方面的要求。该校位于圣保罗市郊，占地面积9500平方米，被建筑师预见性地设计成两部分，分别为学前部（可容纳480名儿童）和小学部（可容纳960名学生）。

为了适应部分平坦、部分高低起伏的变化不一的地形，同时也为了使建筑物不雷同，建筑师为两部分分别设计了形态独特的外观。学前部的大楼是一个长形建筑，呈纵向布局，包括16间教室；小学部则是一个被24间教室（每间可容纳40名学生）围绕的中央庭院。尽管大楼正立面的主要部分略显重复，但是建筑师运用了当地颇具灵感意味的色彩对其进行了修饰，所产生的内在共鸣似乎使其结构发生了微妙的变化。

↑ 3 中央庭院
→ 4 平面图
↓ 5 剖面图

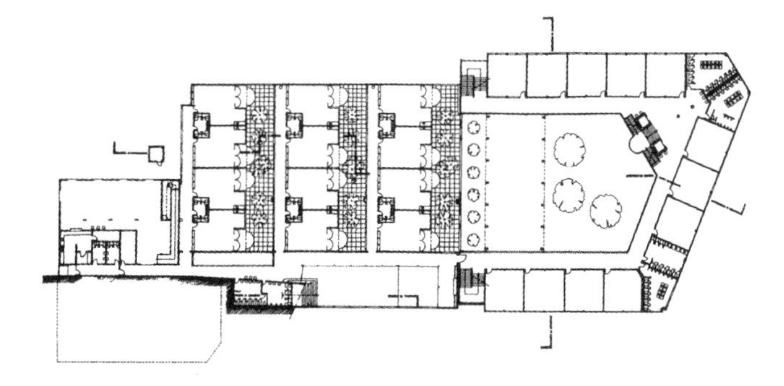

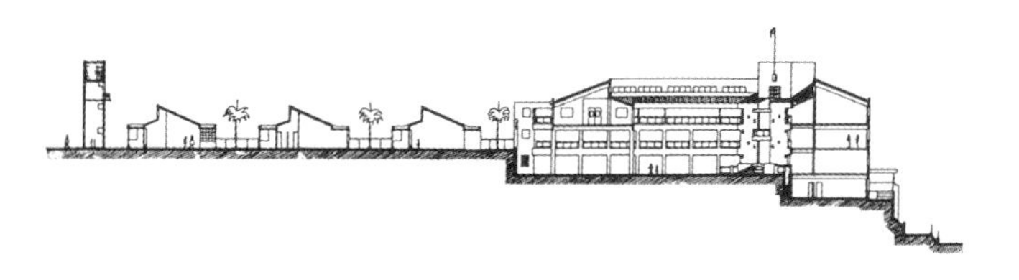

# 81. 坎皮纳斯大学学生宿舍楼

*地点：坎皮纳斯，巴西*
*建筑师：J. 维亚*
*设计/建造年代：1991*

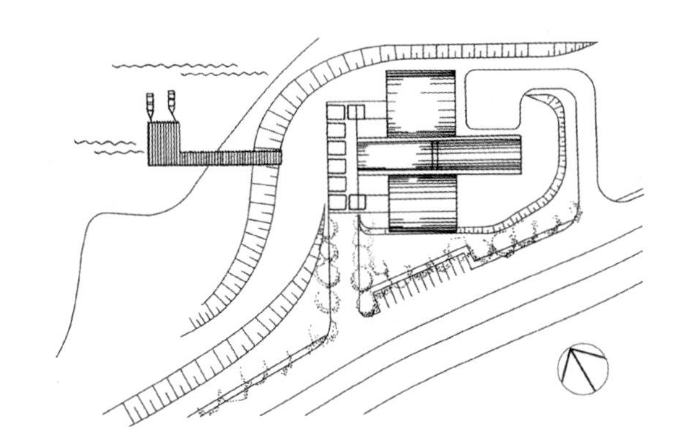

→ 1 餐厅总平面图
↓ 2 餐厅外观

西班牙建筑设计师J. 维亚在总结了校园建筑的经验后，将陶砖这种简单的建筑材料开发成为一种基础建材。1960年至1970年间，巴西政府曾承诺建造大型的居民住宅楼，但由于缺乏合适的设计方案，一直没能实现。维亚的设计则解决了这个问题。他将砖块或陶瓦嵌在木头、金属或者PVC（聚氯乙烯）制成的框架内，做成模数为45厘米×45厘米的方板，既可用来铺设地

面，又能做墙面、屋顶或隔断，这样就大大加快了建设速度，同时也降低了成本。这种做法后来在巴西的许多地方进行了试点，圣保罗的坎皮纳斯大学学生宿舍楼就是最早运用这种方法建成的大楼之一。

鉴于这种基本建材的灵活性，建筑师设计了一个宽敞的宿舍区，层数分别为一层、二层和三层的楼房使宿舍区的空间产生了高低不同的变化，旁边是由27套单元房组成的侧楼，共可容纳1600名学生。

↑ 3 外观
→ 4 餐厅平面图
↓ 5 鸟瞰图

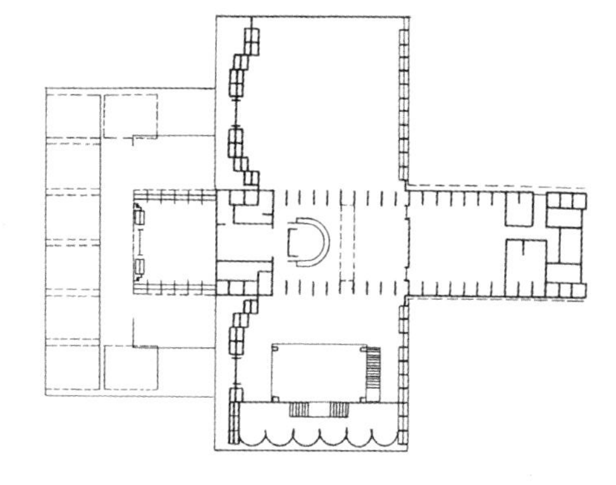

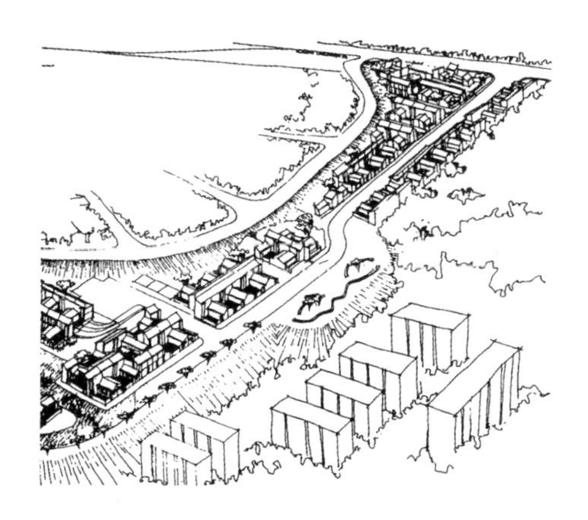

# 82. 考苏布西地奥住宅

*地点：波哥大，哥伦比亚*
*建筑师：G. 桑佩尔，X. 桑佩尔*
*设计/建造年代：1991*

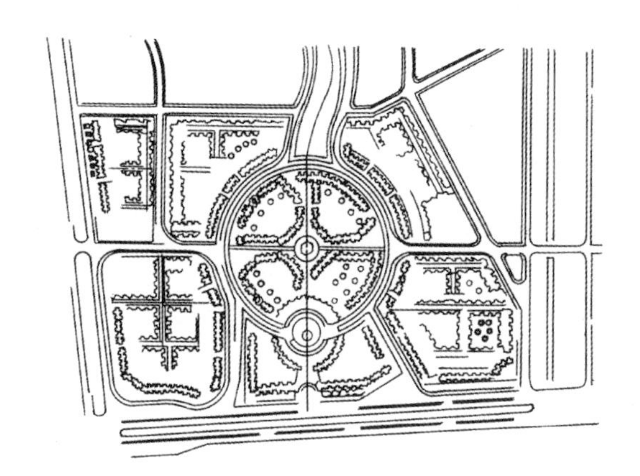

→ 1 总平面图
↓ 2 全景之一

这是波哥大计划建造的面积最大的经济式住宅区之一。经过细致的城市规划方面的研究，建筑师为住宅区设置了一条可以连接周围三个大街区的蜿蜒曲折的中轴通道。那些多户住宅楼就建造在中轴通道两旁，而双户和单户住宅则分布在其他区域。建筑师特别考虑到了对联结不同住宅中心的公共空间的处理。一期工程的建筑是带有金属屋顶、砖结构的毛石工程。

↑ 3 全景之二
→ 4 道路平面图
↓ 5 草图

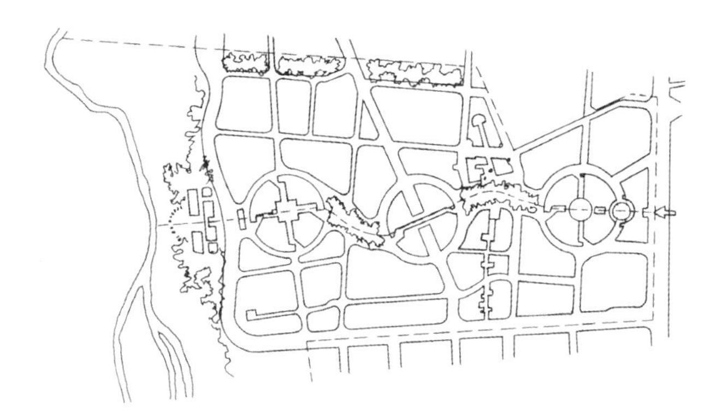

# 83. 国家图书馆

*地点：布宜诺斯艾利斯，阿根廷*
*建筑师：C. 特斯塔，F. 布尔里奇，A. 卡萨尼加*
*设计 / 建造年代：1962—1992*

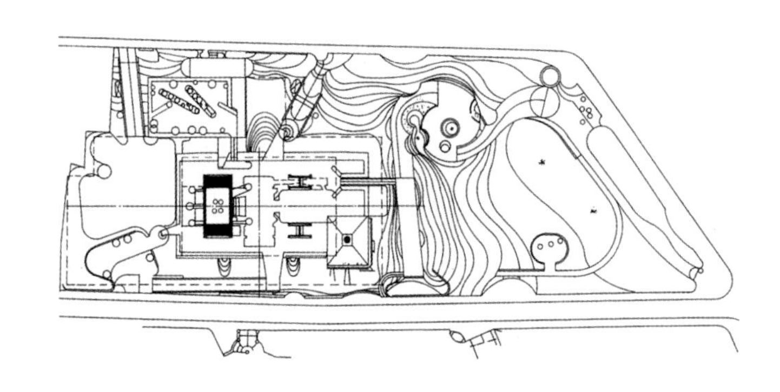

→ 1 总平面图
↓ 2 五层平面图
↓ 3 一层平面图

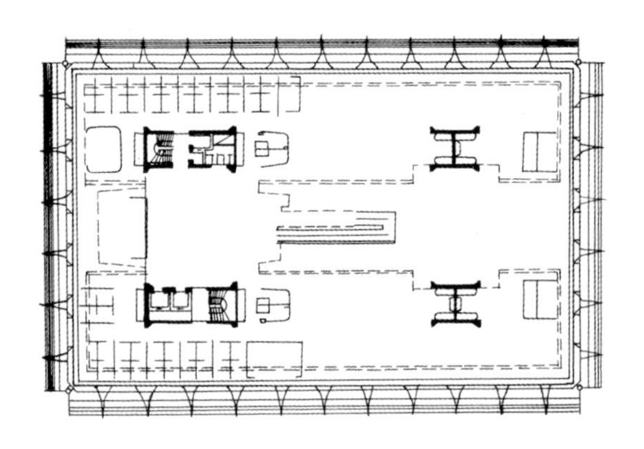

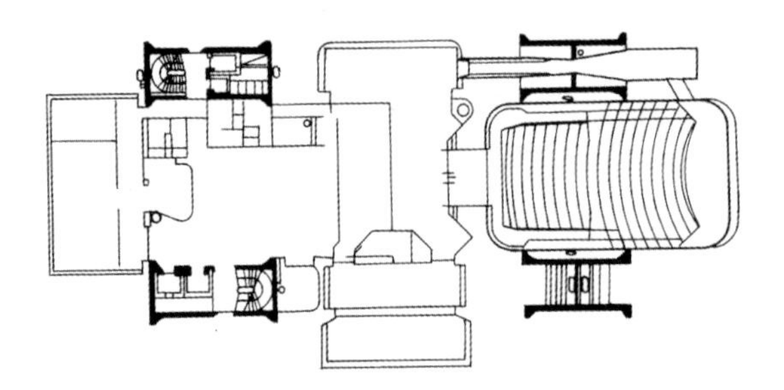

新国家图书馆的建设一直延续了几十年。1962年选中了获奖的工程设计方案，1971年开始施工，1992年完成；图书馆到1993年底才开始投入使用。我们已经注意到，国家图书馆不像伦敦银行那样位于狭小拥挤的城区，而是被建在一个有大片绿地和公共娱乐设施的地区。当时，建筑师C. 特斯塔、F. 布尔里奇和A. 卡萨尼加在设计时主要担心的是如何保护周边的环境和风景。

图书馆建立在四根支柱上，使下面的绿地得以保存。从阅览室所处的较高楼层上，可以看到城市远方的拉普拉塔河与围绕着图书馆的公园和广场。

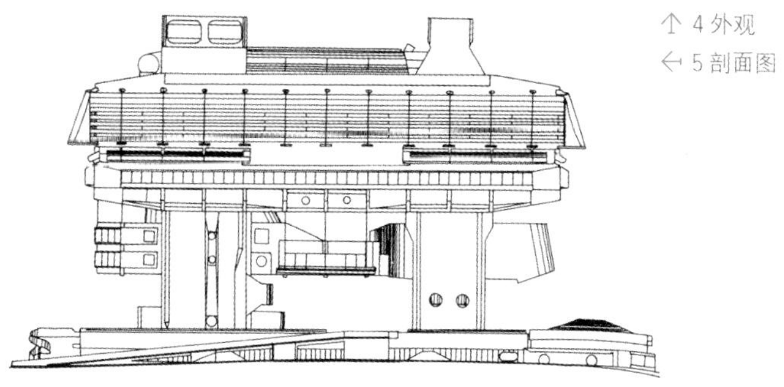

↑ 4 外观

← 5 剖面图

# 84. 索齐米尔科生态公园

*地点：墨西哥城，墨西哥*
*建筑师：M. 许耶特南与城市设计组*
*设计/建造年代：1992*

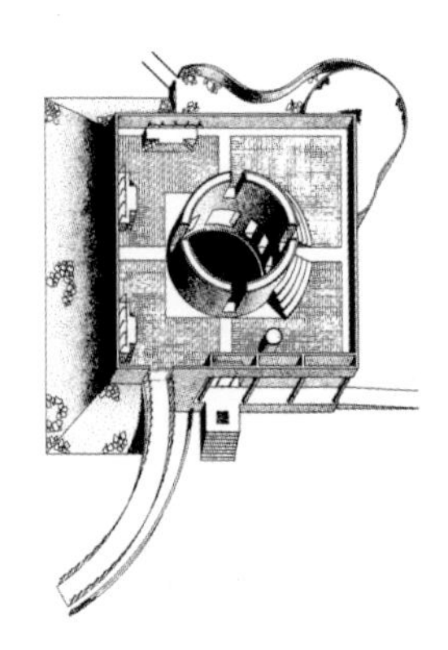

↦ 1 轴测图
↓ 2 公园外景之一

这座公园的建成是在官方要求、合作下所进行的拯救索齐米尔科地区生态环境工作的一项成果，目的是为了在修建水渠的基础上重新恢复一个重要的植物园区，即湖滨花园。生态公园由M. 许耶特南领导的“城市设计组”负责设计，设计方案力求满足公园里娱乐方面的特别要求，同时也没有忽略自然界环境的要求。设计者们提出了一个广泛的“景观建筑”方案，其

↑ 3 鸟瞰之一

中包括一个娱乐区和人工湖上的码头，那里建有公园中唯一的建筑物，即为游客提供相关服务的信息中心。此外，还有一个植物园、一个鸟类自然保护区，以及为这一地区的种植者提供服务的植物、花卉市场。

↑ 4 公园外景之二
↑ 5 公园外景之三

↑ 6 鸟瞰之二

# 85. 维达保险公司大厦

*地点：圣地亚哥，智利*
*建筑师：E. 布朗恩，B. 惠多布罗*
*设计/建造年代：1993*

圣地亚哥的东部地区正在逐渐变成一个与该城传统的中心区域相媲美的市中心区。在这一地区存在着建造大量办公设施的需求，由E. 布朗恩和B. 惠多布罗设计的维达保险公司大厦就被修建在这里。

整座大厦包括两座纵向排列的塔楼，在两座塔楼之间有一条设有入口的长长的走廊。其中的一座楼有三层，通向东边，是大厦与其他建筑相邻的唯一立面。大厦主体高16层，长75米。

大厦沿垂直方向划分成不同区域，下面的楼层直接供保险公司使用，上面的楼层出租。两个区域都有独立的入口和通道。大厦的入口位于将两座楼体连接的走廊的两头，保险公司的入口在南边，而出入出租办公室需走北边二层的入口。北边的入口与南边的入口遥遥相望，独立使用，但看起来仍然相互关联。

建筑师对大厦各立面的处理值得我们特别关注。在圣地亚哥，朝西的建筑都会有夏季炎热的问题，这就使得建筑在空调使用上加大了费用。而建筑师通过自然和技术手段，为维达保险公司大厦制造出双层立面：里层是隔热板，外层是植物；外层的绿色植物墙可以使对阳光的吸收减少40%，这可以使大厦的能量消耗降低10%左右。另外，外层的植物墙还是一座3000平方米的垂直花园，可以为大厦平添意趣，并使大厦在不同的季节显现不同的风貌。

↑ 1 外观

# 86. 第二司法大楼

*地点：科尔多瓦，阿根廷*
*建筑师：S. R. 格拉马蒂卡，J. C. 格雷罗，J. 莫里尼，J. G. 皮萨尼，E. 乌尔图比*
*设计/建造年代：1993*

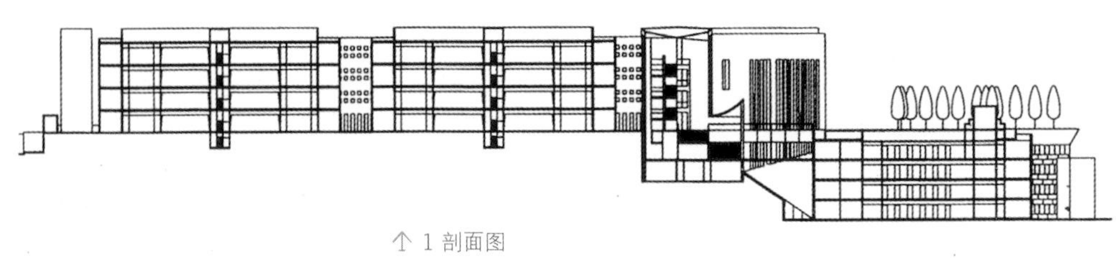

↑ 1 剖面图
↓ 2 细部
→ 3 司法大楼夜景

科尔多瓦省的司法大楼由S. 戈多依与J. 奥尔塔设计，建于1927年至1936年，是一幢集古典主义与学院派风格于一体的建筑。60年后，为解决一贯令人困扰的空间不足的问题，政府决定再建一座司法大楼。这个设计任务交给了由格拉马蒂卡、格雷罗、莫里尼、皮萨尼和乌尔图比组建的建筑师事务所，它不仅名扬科尔多瓦，而且誉满全国。

方案的设计主要基于

下面几点：大楼的基址及其特殊的配置地形与如何有效地利用其与众不同的形态和绝美的景致；作为司法部门，大楼应采取何种形象以及一些相关的复杂的操作问题等。

大楼的建筑布局依照高低不同的地势进行设计，建筑师们充分利用这种起伏，简化、调整了大楼所有的功能性需求，使之变得更为合理，并留出了有效的空间。大楼的中央是一个巨大而宽敞的大厅，这里集中了大楼所有的功能，也是一个半透明的聚会场所。入口大厅高两层，从此处可直达“青少年轻罪法庭”“上诉法庭”和“公共检举办公室”。

# 87. 马德普拉塔游泳馆

地点：马德普拉塔，阿根廷
建筑师：F. 曼特奥拉，J. S. 戈麦斯，J. 桑托斯，J. 索尔索纳和 C. 萨拉伯瑞建筑师事务所
设计/建造年代：1994

↑ 1 内景

这座占地7000平方米的游泳馆和其他的一些体育运动设施一起，被建在位于布宜诺斯艾利斯东南400公里处的大西洋滨海城市马德普拉塔。曼特奥拉、戈麦斯、桑托斯、索尔索纳和萨拉伯瑞建筑师事务所为游泳馆提出的主要设计思想是在地面以上修建所需的两个泳池（一个比赛用泳池，50米×25米；另一个为跳水泳池，25米×25米）。这样，就可以明确地划分出运动区域的界线，确定入口，并且在行人视野之外辟出一个运动场和一处日光浴区。

这座设计主体思想

↑ 2 外观
→ 3 细部

充满理性的建筑，因其混凝土结构外观的自然性而显得更为出色，巨大顶棚上的金属结构也使建筑更加突出。而建筑的外部形式也因呈波浪形的屋顶和其他一些几何图案的装饰而显得不再那么严肃、死板。

# 88. 巴耶尔实验大楼

*地点：蒙罗，阿根廷*
*建筑师：阿斯兰和埃斯库拉建筑师事务所*
*设计 / 建造年代：1994*

1931年，由J. 阿斯兰和H. 德·埃斯库拉建立的事务所曾设计出许多非常出色的作品，在诸如商业画廊、购物中心和工业建筑等建筑类型中都处于开先河的地位。如今，这家事务所由J. 阿斯兰、L. 吉格利、A. 马得罗和M. A. 德·吉格利主管，从20世纪80年代末起又一次在建筑领域中占据了领先地位——位于布宜诺斯艾利斯拥挤的市中心之外的那些管理大楼便是这个事务所的代表作品。这些大楼所表明的，已不再是一个新的时期，而是一种新的建筑学。在这些建筑中，就有在1994年投入使用的巴耶尔实验大楼。它位于大布宜诺斯艾利斯省东北的蒙罗，距市区边界非常近。整座建筑呈纵向布局，围绕在一个中心天井周围，分三个层次：两层向外，一层向内。楼层呈锯齿状向外延伸，构成外天井，正是这种锯齿形的序列和天井构成了这座建筑的整体形式。

↑ 1 外观

# 89. 新莱昂州自治大学中心图书馆

地点：蒙特雷，墨西哥
建筑师：R. 莱戈雷塔
设计/建造年代：1994

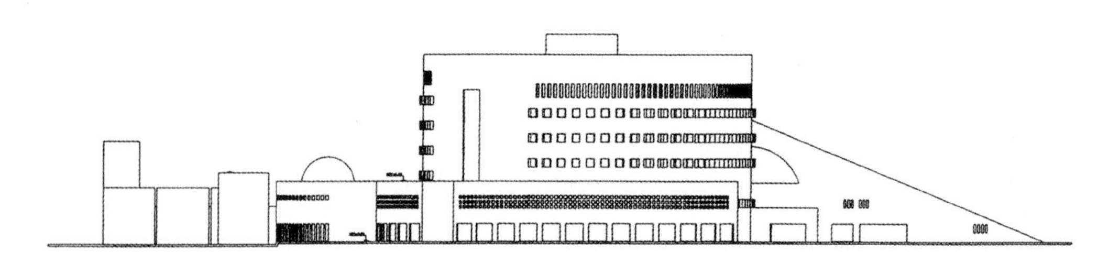

↑ 1 立面图
↓ 2 二层平面图
↓ 3 底层平面图

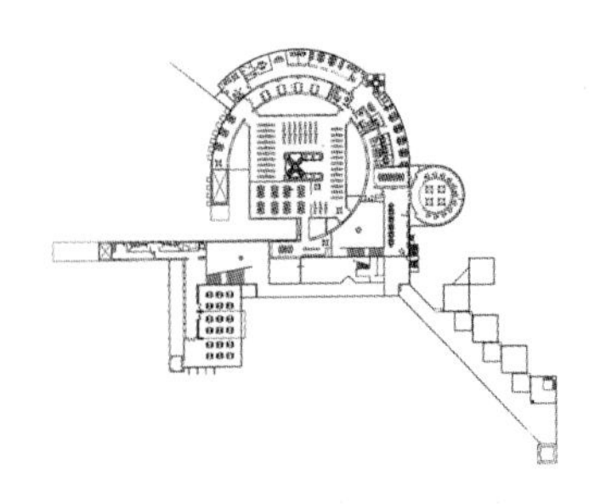

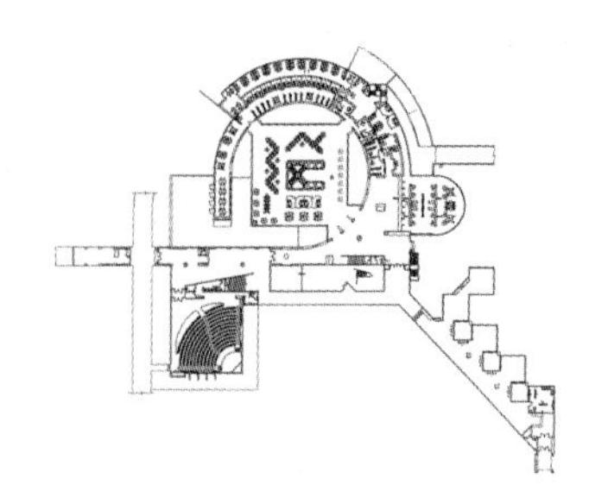

由于建筑位置与一个公园相邻，建筑师在为新莱昂州自治大学设计新图书馆时，将这一因素考虑在设计方案中。这样，附近的一片湖泊就成为建筑设计的一部分，这一点突出了图书馆建筑的相对独立性。从外表看，整个建筑由两个呈几何形状的结构构成，即一个被圆柱体围绕的立方体，分别用混凝土和砖瓦的装饰结构来强调其形状。另外，建筑结构的几何形状还表现了建筑内部的功能，立方体形的建筑是图书馆的藏书楼，被位于圆柱体大楼的阅览厅所遮护，而从阅览厅里可以看到外面的自然景色。在建筑的地下层，还设有管理服务设施以及一个礼堂。不论是从外观上，还是从内部功能上，不同几何体建筑的结合都展现了一种令人惊叹不已、引人入胜的风格。

个 4 图书馆外观之一

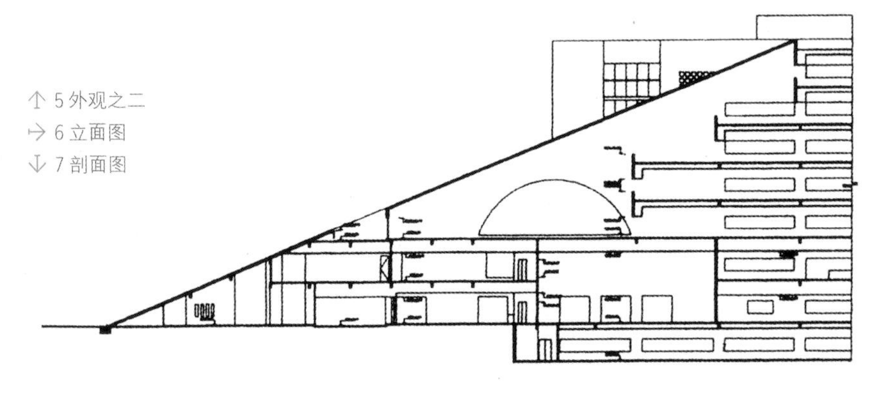

↑ 5 外观之二
→ 6 立面图
↓ 7 剖面图

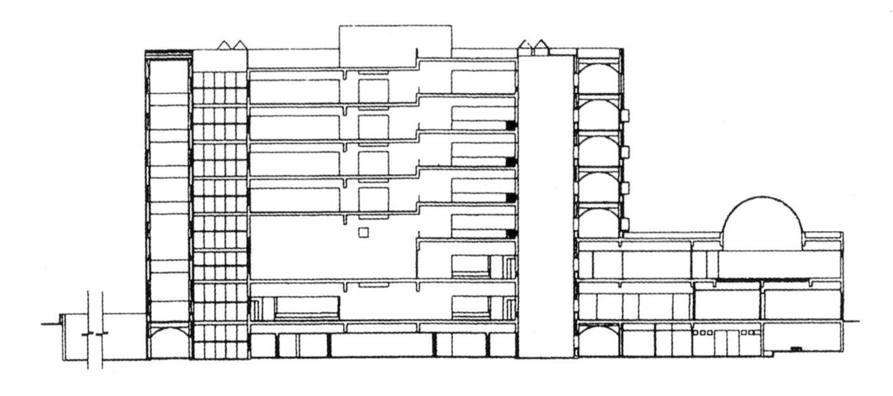

↑ 8 内景之一

↑ 9 内景之二

# 90. 电视服务大楼

地点：墨西哥城，墨西哥
建筑师：E. 诺滕
设计/建造年代：1994

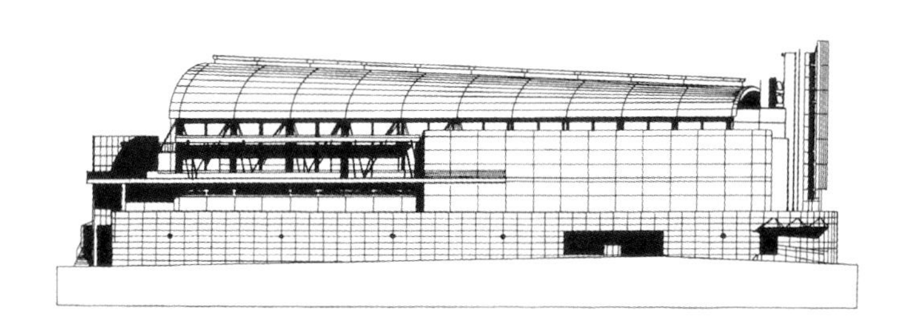

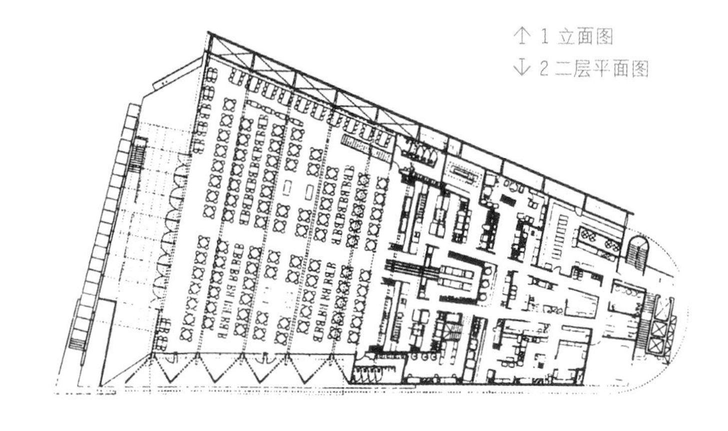

↑ 1 立面图
↓ 2 二层平面图

这座建筑被建在一片呈不规则四边形的基地上，独立于著名的电视企业区。为了与整个区域形成统一风格，大楼的建筑并不是很高，楼顶呈椭圆形，以寻求与周围建筑的有机结合；同时，它具有前卫性的轮廓又与周围折中主义风格的环境形成了对比。大楼的地面层是机房和汽车库，建在一个黑色石头垒成的地基上。一层与二层之间建造了一个夹层，设有工会的服务设

施，这种夹层结构为用作职工餐厅的二层提供了更宽广的空间——这个两层高的餐厅能容纳600名就餐者。此外，餐厅还有一个夹层楼和供管理者们使用的厅房。这里应该提到大楼设计中较为突出的地方，即用大小不一的铝制薄板做成的房顶，以及大楼正立面上部的透明效果。

← 3 外观
↦ 4 细部
↓ 5 内景

# 91.“特雷斯克鲁塞斯”公共汽车站

*地点：蒙得维的亚，乌拉圭*
*建筑师：G. G. 普拉特罗，E. 科埃，R. 阿尔贝蒂*
*设计 / 建造年代：1994*

位于“特雷斯克鲁塞斯”区的蒙得维的亚公共汽车站，包括一个购物区和一个包裹邮寄分发中心。由于车站建在一个异常繁忙的地区，它的规模十分简单，这也符合它仅仅是一个车站的事实。

它的功能性设计阐释了其内部构造的简单。车站内部最显著的部分是进门后的一个圆形的中央区，它连接着两层楼高的主体建筑（一层是购物区，一层是汽车站），并把两个侧厅与主楼连成一体。立柱与铺石地面间的巧妙结合，加上其透明的屋顶，使整个车站变成了一幢划时代的建筑。主入口采取拱廊形设计，与透明的屋顶一起弥补了基本建材——粗面砖石——在轻灵方面的不足。大量坚实的材料融入了金属构架内，并被建筑师巧妙地披上了一层明亮的外衣。

↑ 1 外观

# 92. 巴西雕塑博物馆

*地点：圣保罗，巴西*
*建筑师：P. M. 达·罗恰*
*设计/建造年代：1995*

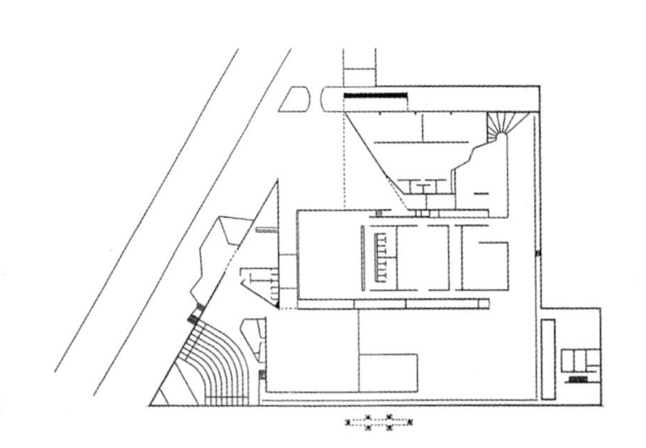

→ 1 平面图
↓ 2 模型
↓ 3 建筑师设计草图

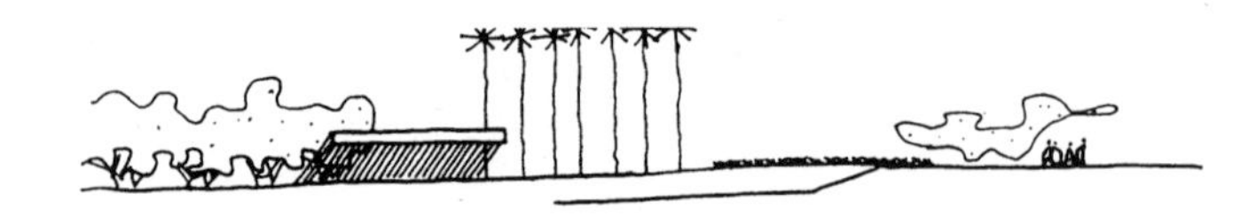

P. M. 达·罗恰是巴西最著名的建筑设计师之一，他设计的雕塑博物馆基本体现了他的城市建筑风格。作为一次私人设计比赛的结果，该博物馆被建在一个居住区内。尽管其位于巴西最大的城市，却颇具欧洲花园城市之风。

大街上，一堵60米长的混凝土墙构成了艺术馆唯一明显的特点。它保护并隐蔽了大墙之内建在B. 马克斯设计的花园之中的"广场兼剧场"。利

↑ 4 外观之一

用地势的高低不同，建筑师将艺术馆的内部空间建在最底层，用他自己的话讲，是为了营造“一个位于远古地形上的当代城市的地理构造”。

↑ 5 外观之二
↑ 6 内部广场

# 93. 神鹰之家

*地点：圣地亚哥，智利*
*建筑师：C. 德・格鲁特，C. 德尔・菲耶罗*
*设计 / 建造年代：1995*

"神鹰之家"坐落在圣地亚哥市"圣玛丽亚・德・曼克乌埃"开发区的边缘，修建于山脚下一块风景美丽的坡地之上。它是三所相互毗邻的住宅中的一所，设计师C.德・格鲁特和C.德尔・菲耶罗就是房子的主人。最初，这块坡地被分割成独立的三块，分别属于三个不同的家族，但是三所住宅花园的风格和建筑的样式均保持了一致。

这块坡地景色异常秀丽，可谓绝无仅有；地势和街道的布局又恰恰使其隐于一隅，很容易使人联想起乡间的某地。坡地及其周围绿树成荫，附近散落着一些房舍和往昔归国家所有的曾引发城市化进程的几家葡萄酒厂，这一切使得这块坡地独具特色，与一般市郊开发区内典型的毫无特点的地段迥然不同。这块缓坡居高临下，在此可以俯瞰圣地亚哥山谷南坡与西坡上的绝美景致，是其主要的建筑特点之一。

为这独特的户外景致锦上添花的是三所住宅均采取了圆筒状外形，内部使用四棱柱，以产生几何效果，而每一户的表现手法却各有所长。"神鹰之家"是其中最具隐秘性的一户，完全被筒状的外形包围起来，充分展示了其几何整体，只有主人许可的几处才可以被外界看到。

之所以采取这种圆与方的对照，尤其是相对罕见的圆筒状外形，一方面是由于圆在建筑实践中独具的表现力和特有的围拢一定空间的能力；另一方面是由于刻意安排的三所住宅在坡地上的相互位置，就像该地保留的一些古旧的贮水池一样。再者，横穿缓坡顶部的"神鹰街"界定了三所住宅的上限，其弧形的曲线亦与圆筒形的房屋相呼应。然

↑ 1 外观之一

而，最重要的是圆筒状的外形能够制造出极其隐秘且完全私有的空间，创造出令人惊诧不已的、介于内外之间的一个世界，同时也赋予了（更准确地说，是归还了）建筑物真正的进深。住宅内也有充足的光线和古典建筑与巴洛克建筑才具有的暗影和棱柱之间的空隙。

“神鹰之家”由两个套叠的、圆心略有偏移的素混凝土圆筒构成。中间是一架楼梯，由此可抵达五层中的任意一层，也可上到顶部的瞭望阳台。房屋的垂直系统则集中在两个圆筒形成的空间中。

↑ 2 外观之二

# 94. 都乐果品公司总部大楼

*地点：圣何塞，哥斯达黎加*
*建筑师：B. 斯塔哥诺建筑师事务所*
*设计 / 建造年代：1995*

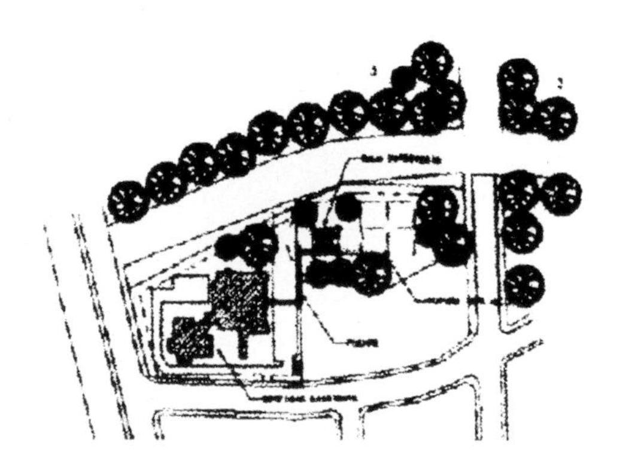

← 1 总平面图

通过一座造型简单但很有表现力的人行天桥，新的总部会议中心与原来的建筑结构连接在一起，它具有自己的特点，与原有建筑的主要风格有所区别。对自然、乡土的砖石材料的使用将这座建筑同附近咖啡厅那棕绿的色调联系在一起，像1987年设计的原有建筑一样，它也与大自然结合在了一起。

在建筑的内部，会议大厅又是一个高科技的视听室，室内有亮度和颜色都不同的五种照明系统，并可以通过卫星播放图像，以满足使用不同参数频道的各国主管的需要。尽管室内有令人叹服的高科技设备，但为建筑的厅堂带来愉悦气氛和特点的，却是玻璃窗另一边的自然景色。由于窗外植物的绿色被引入这间高科技的会议室内，使科技设备的那种冰冷感觉有所缓和。这些因素结合在一起，可以使房间里的人们平静下来，同时使设计方案的严肃、简朴的风格有所减轻。

↑ 2 内景
↓ 3 立面图

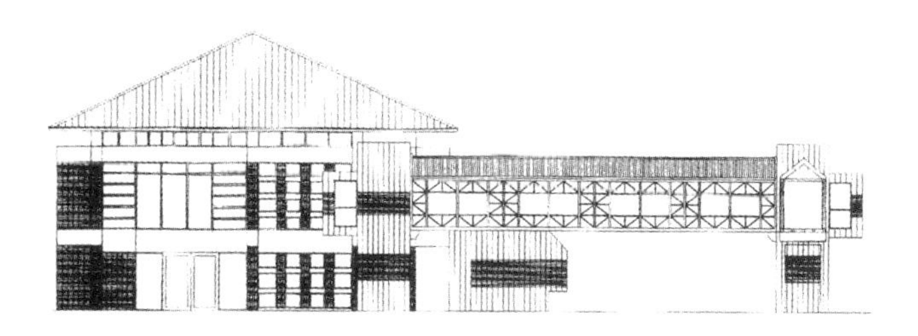

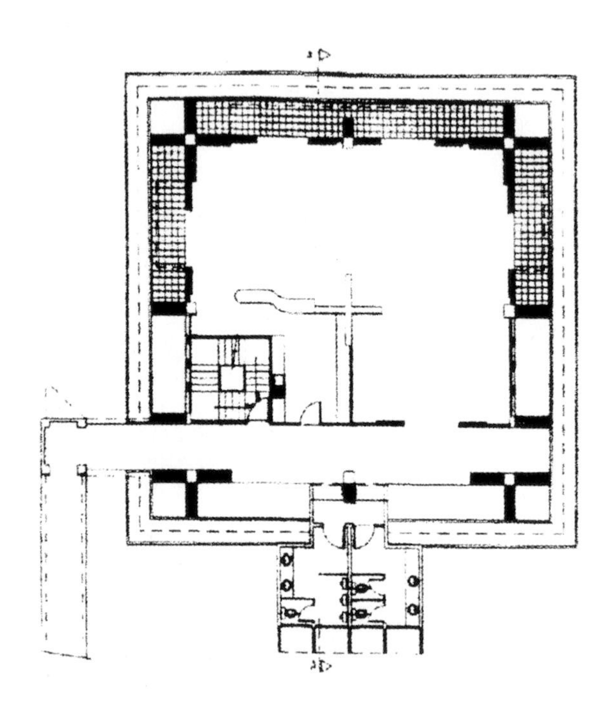

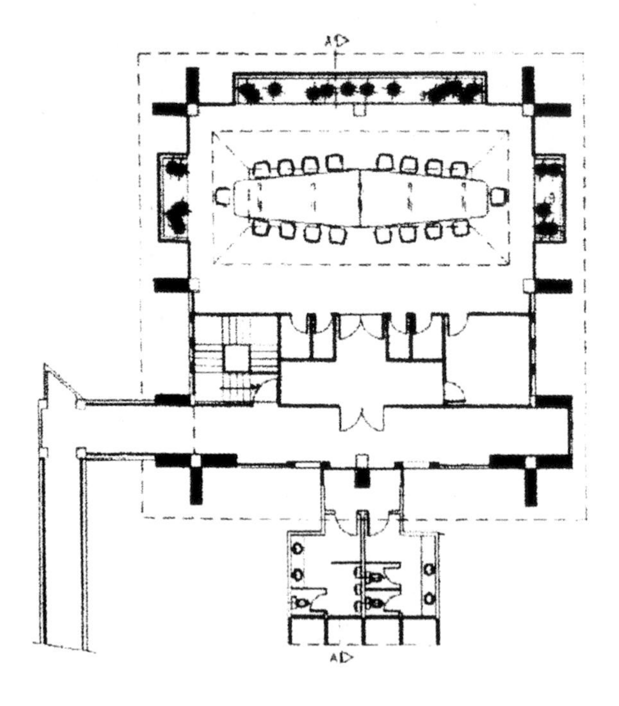

↑ 4 一层平面图

← 5 二层平面图

# 95. 泛美广场办公塔楼

*地点：布宜诺斯艾利斯，阿根廷*
*建筑师：R. 列尔，A. 通科诺基*
*设计/建造年代：1997*

列尔（1944年生）和通科诺基（1941年生）的事务所成立于20世纪70年代，为阿根廷的建筑领域贡献了一些非常出色的作品，在这些作品中，就有泛美广场办公塔楼。这是建在布宜诺斯艾利斯市西北边界处的萨维德拉区的一座办公楼。整座建筑由呈转角的四个部分构成，混凝土结构，中间环抱着一座椭圆形的高塔，完全是玻璃结构，使人们在远处就可以看到并认出这座建筑。塔楼提供了面积分别为800平方米和1000平方米的两个可以再分割的空间。另外，还有一系列的公共空间：一个健身房、一间会议室、一家小银行以及其他设施。泛美广场办公塔楼还拥有一个占地2500平方米的完全公园化的花园，包括一个专供工作人员休息的广场；花园设有通往酒吧-餐厅的入口，底层还有一个药店。塔楼还设有地下停车场。

个 1 全景

# 96. 新圣达菲信息中心

*地点：波哥大，哥伦比亚*
*建筑师：R. 萨尔莫纳*
*设计/建造年代：1997*

这个中心的建成完成了建筑师J. 卡马乔、J. 格雷罗、P. A. 梅西亚、A. 罗布雷多和R.萨尔莫纳在1988年提出的波哥大新圣达菲的城市规划和建筑发展计划。该信息中心包括一个图书馆、两个礼堂、教室、办公室和服务设施。整个建筑群围绕在一个将各个不同建筑个体连接在一起的巨大院落周围，各个建筑个体的屋顶都与公共空间结合在一起，并构成了城市景观的一个重要组成部分。建筑的砖石工程在细节和建造上都非常精细，代表了R. 萨尔莫纳近期建筑作品的风格。

↑ 1 庭院

↑ 2 全景

# 97. 东角国际机场

*地点：东角，乌拉圭*
*建筑师：C. A. 奥特*
*设计/建造年代：1997*

尽管以前曾有过并排停放飞机的决定，将机场建成飞机形的企图还是很明确的。整体呈倾斜的“H”形的东角国际机场，建在较重要区内被圈出的一块轮廓清晰的土地上。入口大厅和服务区设在一起，构成了“H”形较长的一边；同时，起飞和降落区被设在了“H”形的另一个长边上，两部分由免税商店相连。

这种直线形的布局为机场的自然发展提供了方便，长长的屋顶也进一步加强了这种灵活性，多种活动都在其下展开。长屋顶由一系列金属顶棚构成，其中包括飞行控制系统室、照明系统室和音响系统室的屋顶。

从机场主楼敞开的露台和网眼状的屋顶，可以看出东角是一个避暑胜地。这种设计使机场产生了许多阴凉的区域，让人想起海边的酒吧与餐厅。屋顶轻巧的设计，是机场主楼的另一个特性，很容易使人想到飞机。透明的正立面给旅客一种视觉刺激，仿佛置身于一辆汽车或一架飞机之中。

主楼明显的水平方向的布局与直立高耸的、在周围乡村之中颇为引人注目的塔台形成了鲜明的对比。

↑ 1 入口

↑ 2 外观

# 98. 河岸火车站

*地点：布宜诺斯艾利斯，阿根廷*
*建筑师：J. E. 费费尔，O. 苏尔多*
*设计/建造年代：1997*

J. E. 费费尔（1951年生）和O. 苏尔多（1949年生）于1991年开始合作，两人都创作了大量的建筑作品。我们选择了河岸火车站向大家介绍。河岸火车站1995年开始建设，1997年全部竣工。这个工程的目的是恢复自1961年起中断的铁路客运服务。铁轨沿着拉普拉塔河铺设，从布宜诺斯艾利斯市北部出发，抵达位于鲁汉河三角洲上的虎城，总长度为15公里。费费尔和苏尔多设计了工程的总方案和其中的三个车站。还有两个车站由圣马丁一洛内事务所设计，而由唐纳尔松、达蒙特和马拉蒂尼组建的事务所设计了第六个车站。大多数新车站颇为大众化，有商店、银行、酒吧、艺术品店和娱乐场所。费费尔和苏尔多在最后一站虎城站设计建造的河岸公园，像个微型的迪士尼公园，是个旅游观光的好去处，给这个久被遗忘的地区带来了新的生机，也是河岸铁路的点睛之笔。

↑ 1 外观之一

↑ 2 外观之二

↑ 3 外观之三
← 4 广场

# 99. 马德罗码头区更新工程

*地点：布宜诺斯艾利斯，阿根廷*
*建筑师：多人*
*设计/建造年代：1994—1998（第一阶段）*

↑ 1 鸟瞰

马德罗码头（1887—1898年）是布宜诺斯艾利斯中止使用的第一座码头。它于20世纪80年代被废弃，在此之前也已被乌埃尔哥码头（1911—1919年）所替代，1989年到1990年间，政府决定对马德罗码头进行更新改造。更新工程分为两个阶段：1.对河岸西边的16座仓库进行再利用；2.对河岸东边的地区进行重新建设。这样，城市又获得了原来失去的170公顷土地，这些土地有一半被用来修建公园、散步场所、街道，还有堤岸的滨河区。码头更新工程的第一个阶段由杜霍夫内-赫施事务所，曼特奥拉、戈麦斯、桑托斯、索尔索纳和萨拉伯瑞事务所，J. C. 洛佩斯及合作者事务所，迭戈、佩拉尔塔、拉莫斯事务所（SEPRA），鲍迪索内、雷斯塔德、瓦拉斯事务所，E. 阿尔图那及合作者事务所等一些著名的事务所来承担。那些有的需要完全重建、有的只需要部分重建的旧仓库，被改建成为办公楼、商店、大学的教学楼、饭馆和酒吧，形成了布宜诺斯艾利斯市的又一个新街区——1998年9月9日建立的第47区。现在，码头更新工程的第二阶段已经开始，工程涉及河岸以东48公顷的建筑面积。

↑ 2 庭院
↑ 3 夜景

# 100. 外交部新办公楼

*地点：布宜诺斯艾利斯，阿根廷*
*建筑师：N. 艾森斯塔特，C. 拉赫林，C. 多德罗，M. 莱文通*
*设计／建造年代：1998*

个 1 大门

阿根廷外交部新的办公大楼坐落在由A. 克里斯托弗森设计的圣马丁宫对面。自1936年起，圣马丁宫一直是外交部的办公地点，现在只是礼宾司的所在地。艾森斯塔特和拉赫林与他们的合作者一起赢得了1971年举行的“外交部新办公楼全国设计大赛”的冠军，设计方案几经外交部的修改，终于在1983年付诸实施。工程曾于1988年至1991年与1995年至1997年间两度停建，最终于1998年全部竣工并交付使用。

新办公楼占地面积为41000平方米，是一幢16层高的玻璃幕墙大厦。技术相对复杂的底层和顶部尖塔是该大厦最显著的特点。它的尖顶设计是对圣马丁宫的复折式屋顶和烟囱的一种重新解释，与映在其玻璃幕墙上的圣马丁宫的影像相映成趣。大厦建在埃斯梅拉尔达街与洪卡尔街交会处的一个八角形的角落里，可以眺望圣马丁广场，也临近布宜诺斯艾利斯市的东北边界。当我们沿着外交部新办公楼拾级而上时，透过这面巨大的玻璃外墙，可以一览拉普拉塔河岸区的壮观景象。

↑ 2 外观

# 总参考文献


总目

Bayón，Damián，and Paolo Gasparini. *The Changing Shape of Latin American Architecture：Conversations with Ten Leading Architects*. Translated by Galen D. Greaser. Barcelona：Editorial Blume，1977，Chichester，New York，Brisbane，and Toronto：John Wiley & Sons，1979.

Hitchcock，Henry-Russell. *Latin American Architecture Since 1945*. Exh. Cat. New York：The Museum of Modern Art.

Jorge Francisco. *América latina：Architettura，gli ultimi vent' anni*. Milan：Electra，1990.

Roca，Miguel Angel. *The Architecture of Latin América*. London：Academy Edition.

Segre，Roberto. *América Latina Fim de Milenio：Raizes e Perspectivas de Sua Arquitetura*. Translated by Luis Eduardo de Lima Brandio. Sao Paulo：Studio Nobel，1991.

Segre，Roberto，ed. *Latin América and its Architecture*. Translated by Edith Grossman. Havana：Editorial Arte y Literatura，1988.

Toca，Antonio，ed. *Nueva Arquitectura en América Latina：Presente y Futuro*. México，Naucalpan：Ediciones G. Gili，1990.

阿根廷

Glusberg，Jorge. *Clorindo Testa*，Summa Books. Buenos Aires：Donn S.A.，1999.

Glusberg，Jorge. *Escuela de Buenos Aires：dibujos de arquitectos*. Cuadernos de arquitectura UIA. Buenos Aires：Ediciones Union Carbide.

Glusberg，Jorge. *Miguel Angel Roca，arquitecto*. Cuadernos de arquitectura UIA. Buenos Aires：Ediciones Union Carbide.

巴西

Goodwin，Philip *L.Brazil Builds；Architecture New and Old*，1652–1942. New York：The Museum of Modern Art，1943.

Botey，Josep Ma. *Oscar Niemeyer，Works and Projects*. Barcelona：Editorial Gustavo Gili，S.A.，1996.

Puppi，Lionello. *Oscar Niemeyer*. Rome：Officina Edizioni，1996.

Underwood, David. *Oscar Niemeyer and Brazilian Free-Form Modernism*. New York: G.Braziller.1994.

*Oscar Niemeyer and the Architecture of Brazil*. New York, Rizzolo, 1994.

哥伦比亚

*Eladio Dieste. la estructura cerámica. Bogotá*, Colombia: Escala, 1987.

古巴

Segre, Roberto. *Arquitecturay urbanismo modernos; capitalismo y socialismo*. Havana: Editorial Arte y Literatura, 1988.

墨西哥

Adriá, Miquel. *Mexico 90s: A Contemporary Architecture*. Translated by Graham Thomson. Mexico: Ediciones G.Gill, S.A. de C. V., 1996.

Alanis, Enrique X. De Anda, coordinator: *Luis Barragán: Clásico del Silencio*. Translated by Brian J. Mallet. Bogotá, Colombia: Escala, 1989.

Ambasz, Emilio, *The Architecture of Luis Barragàn*. New York: The Museum of Modern Art, 1976.

Burian, Edward R., ed. *Modernity and the Architecture of Mexico*. Foreword by Ricardo Legorreta. Univeristy of Texas Press, 1997.

Glusberg, Jorge. *Seis arquitectos mexicanos*. Biblioteca UIA. Buenos Aires: Ediciones de Arte gaglianone, 1983.

Heyer, Paul. *Mexican Architecture: The Works of Abraham Zabludovsky and Teodoro González de León*. New York: Walker and Company, 1978.

*La Arquitectura Mexicana del Siglo XX*. Coordinated by Fernando González Gortazar: México, D.F.: Dirección General de Publicaciones del Consejo Nacional Para La Cultura y Las Artes, 1994.

Mutlow, John V., ed. *Ricardo Legorreta Architects*, New York , Rizzoli, 1997.

Mereles, Louise Noelle. *Luis Barragán: Búsqueda y Creatividad. México*: Universidad Nacional Autónoma de México, D.F., 1996.

Saito, Yutaka, supervisor, *Luis Barragán*. Tokyo: TOTO Shuppan, 1992.

# 英中建筑项目对照

1. National School of Fine Arts, Río de Janeiro, Brazil, arch. Adolpho Morales de los Rios
2. National Congress, Buenos Aires, Argentina, arch. Vittorio Meano
3. Colón Theatre, Buenos Aires, Argentina, arch. Francesco Tamburini, Vittorio Meano and Jules Dormal
4. San Martín Palace, Buenos Aires, Argentina, arch. Alejandro Christophersen
5. Chamber of Deputies, México City, México, arch. Mauricio M. Campos
6. La Mascota Housing Complex, México City, México, arch. Miguel Angel de Quevedo
7. French Embassy, Buenos Aires, Argentina, arch. Paul Pater
8. Municipal Theatre, Cali, Colombia, arch. Borrero and Ospina
9. Rendón Peniche Hospital, Mérida, México, arch. Manuel Amábilis and Gregory Webb
10. Customs Building, Barranquilla, Colombia, arch. Leslie Arbouin
11. Cervantes Theatre, Buenos Aires, Argentina, arch. Fernando Aranda and Bartolomé Repetto
12. Bank of Boston, Buenos Aires, Argentina, arch. Paul Bell Chambers and Louis Newbery Thomas
13. Executive and Legislative Complex, Bogotá, Colombia, original: Thomas Reed, addition and reform: Francisco Olaya, M. Lombardi, Pietro Cantini, Gastón Lelarge and Marian Santamaria, Alberto Manrique

1. 国家美术学院，里约热内卢，巴西，建筑师：A. M. D. L. 里奥斯
2. 国民议会，布宜诺斯艾利斯，阿根廷，建筑师：V. 梅阿诺
3. 科隆剧院，布宜诺斯艾利斯，阿根廷，建筑师：F. 坦布里尼，V. 梅阿诺，J. 多麦尔
4. 圣马丁宫，布宜诺斯艾利斯，阿根廷，建筑师：A. 克里斯托弗森
5. 众议院，墨西哥城，墨西哥，建筑师：M. 坎普斯
6. 吉祥住宅区，墨西哥城，墨西哥，建筑师：M.A. 德·格维多
7. 法国大使馆，布宜诺斯艾利斯，阿根廷，建筑师：P. 帕特
8. 市剧院，卡利，哥伦比亚，建筑师：波雷罗，奥斯皮纳
9. 伦东·佩尼切医院，梅里达，墨西哥，建筑师：M. 阿马比利斯，G. 威布
10. 海关总署，巴兰基亚，哥伦比亚，建筑师：L. 阿尔博维恩
11. 塞万提斯剧院，布宜诺斯艾利斯，阿根廷，建筑师：F. 阿兰达，B. 雷佩托
12. 波士顿银行，布宜诺斯艾利斯，阿根廷，建筑师：P.B. 钱伯斯，L.N. 托马斯
13. 国会大厦，波哥大，哥伦比亚，建筑师：T. 里德

14. La Plata Insurance, Buenos Aires, Argentina, arch. Alejandro Virasoro
15. Guayaquil City Hall, Guayaquil, Ecuador, arch. Francisco Macaferri
16. National Secretariat of Health, México City, México, arch. Carlos Obregón Santacilia
17. Institute of Education, Río de Janeiro, Brazil, arch. José Mariano Filho and Lucio Costa
18. Baccardi Building, Havana, Cuba, arch. Esteban Rodriguez Castells, Rafael Hernández Ruenes and Josè Menèndez
19. Home and Studio of Diego Rivera and Frida Kahlo, México City, México, arch. Juan O'Gorman
20. National Museum of Fine Arts, Buenos Aires, Argentina, arch. Alejandro Bustillo
21. Palace of Justice, Cali, Colombia, arch. Joseph Martens
22. Cundinamarca Government House, Bogotá, Colombia, arch. Gastón Lelarge and Arturo Jaramillo
23. Palace of Fine Arts, México City, México, arch. Adamo Boari and Federico Mariscal
24. Kavanagh Building, Buenos Aires, Argentina, arch. Gregorio Sánchez, Julio Lagos and José María de la Torre
25. National Cardiology Institute, México City, México, arch. José Villagrán García
26. Law School of the University of Chile, Santiago Chile, arch. Juan Martínez
27. National Library, Bogotá, Colombia, arch. Alberto Wills Ferro
28. Municipal Theatre "Jorge Eliécer Gaitán", Bogotá, Colombia, arch. Francis T. Ley & Co.
29. Ministry of Education and Health, Río de Janeiro, Brazil, arch. Lúcio Costa and others
30. Pampulha Recreational Center, Belo Horizonte, Brazil, arch. Oscar Niemeyer
31. National School of Mining(University of Medellín), Medellín, Colombia, arch. Pedro Nel Gómez

14. “普拉塔的公正”大楼，布宜诺斯艾利斯，阿根廷，建筑师：A. 维拉索罗
15. 瓜亚基尔市政厅，瓜亚基尔，厄瓜多尔，建筑师：F. 马卡费里
16. 卫生部，墨西哥城，墨西哥，建筑师：C.O. 桑塔西里亚
17. 教育学院，里约热内卢，巴西，建筑师：J.M. 菲尔霍，L. 科斯塔
18. 巴卡尔迪大厦，哈瓦那，古巴，建筑师：E.R. 卡斯特尔斯，R.H. 鲁埃内斯，J. 梅仑德斯
19. D. 里维拉与 F. 卡罗的住宅与工作室，墨西哥城，墨西哥，建筑师：J. 奥戈尔曼
20. 国家美术馆，布宜诺斯艾利斯，阿根廷，建筑师：A. 布斯蒂洛
21. 司法宫，卡利，哥伦比亚，建筑师：J. 马登斯
22. “昆迪纳马卡”总统府，波哥大，哥伦比亚，建筑师：G. 莱拉齐，A. 哈拉米洛
23. 美术宫，墨西哥城，墨西哥，建筑师：A. 博阿里，F. 马里斯卡尔
24. 卡瓦那格公寓大楼，布宜诺斯艾利斯，阿根廷，建筑师：G. 桑切斯，J. 拉戈斯，J.M. 德·拉·托雷
25. 国家心脏病医学院，墨西哥城，墨西哥，建筑师：J.V. 加西亚
26. 智利大学法学院，圣地亚哥，智利，建筑师：J. 马丁内斯
27. 国家图书馆，波哥大，哥伦比亚，建筑师：A.W. 费罗
28. 市政剧院，波哥大，哥伦比亚，建筑师：F.T. 雷伊及合作者
29. 卫生教育部总部大楼，里约热内卢，巴西，建筑师：L. 科斯塔及合作者
30. 潘普利亚娱乐中心，贝洛奥里藏特，巴西，建筑师：O. 尼迈耶
31. 国立矿业学院（哥伦比亚国立大学麦德林校区），麦德林，哥伦比亚，建筑师：P.N. 戈麦斯

32. Williams' House, Mar del Plata, Argentina, arch. Amancio Williams
33. School of Engineering, University of Colombia, Bogotá, Colombia, arch. Leopoldo Rother and Bruno Violi
34. "Prefecto Mendes de Moraes" Residential Complex, Río de Janeiro, Brazil, arch. Affonso Eduardo Reidy
35. Barragán's House, México City, México, arch. Luis Barragán
36. University City, México City, México, arch. Mario Pani and Enrique del Moral
37. School of Engineering, Montevideo, Uruguay, arch. Julio Vilamajó
38. Museum of Modern Art, Río de Janeiro, Brazil, arch. Affonso Eduardo Reidy
39. Canoas House, Río de Janeiro, Brazil, arch. Oscar Niemeyer
40. Curutchet House, La Plata, Argentina, arch. Le Corbusier
41. Municipal Theatre San Martín, Buenos Aires, Argentina, arch. Mario Roberto Alvarez
42. Olaya Herrera Airport, Medellín, Colombia, arch. Elias Zapata
43. Córdoba City Hall, Córdoba, Argentina, arch. Santiago Sánchez Elia, Federico Peralta Ramos and Alfredo Agostini
44. Brasilia, Brazil, arch. Lúcio Costa and Oscar Niemeyer
45. Church of Our Lady of Lourdes, Atlántida, Uruguay, arch. Eladio Dieste
46. Church of the Benedíctines, Santiago, Chile, arch. Gabriel Guardia and Martín Correa
47. School of Nursing, University Javeriana, Bogotá, Colombia, arch. Aníbal Moreno
48. National Museum of Anthropology, México City, México, arch. Pedro Ramírez Vázquez, Jorge Campuzano and Rafael Mijares
49. University City of Caracas, Caracas, Venezuela, arch. Carlos Raúl Villanueva

32. 威廉姆斯住宅，马德普拉塔，阿根廷，建筑师：A. 威廉姆斯
33. 哥伦比亚国立大学工程学院，波哥大，哥伦比亚，建筑师：L. 罗瑟，B. 维奥利
34. "门德斯·德·莫拉埃斯长官"综合住宅，里约热内卢，巴西，建筑师：A.E. 雷迪
35. 巴拉甘私宅，墨西哥城，塔库巴亚区，墨西哥，建筑师：L. 巴拉甘
36. 大学城，墨西哥城，墨西哥，建筑师：M. 帕尼，E. 德尔·莫拉尔
37. 工程学院，蒙得维的亚，乌拉圭，建筑师：J. 维拉马霍
38. 现代艺术博物馆，里约热内卢，巴西，建筑师：A.E. 雷迪
39. 独木舟之家，里约热内卢，巴西，建筑师：O. 尼迈耶
40. 库鲁谢特住宅，拉普拉塔，阿根廷，建筑师：勒·柯布西耶
41. 圣马丁市政大剧院，布宜诺斯艾利斯，阿根廷，建筑师：M.R. 阿尔瓦雷斯及合作者
42. 奥拉亚·赫雷拉机场，麦德林，哥伦比亚，建筑师：E. 萨帕塔
43. 科尔多瓦市政厅，科尔多瓦，阿根廷，建筑师：S.S. 埃利亚，F.P. 拉莫斯，A. 阿戈斯蒂尼
44. 巴西利亚城市建设，巴西利亚，巴西，建筑师：L. 科斯塔，O. 尼迈耶
45. 阿特兰蒂达圣母教堂，阿特兰蒂达，乌拉圭，建筑师：E. 迭斯特
46. 本笃会教堂，圣地亚哥，智利，建筑师：G. 瓜尔迪亚，M. 克雷亚
47. 哈维里亚那天主教大学医护系，波哥大，哥伦比亚，建筑师：A. 莫利诺
48. 国家人类学博物馆，墨西哥城，墨西哥，建筑师：P.R. 巴斯克斯，J. 卡姆萨诺，R. 米哈雷斯
49. 加拉加斯大学城，加拉加斯，委内瑞拉，建筑师：C.R. 比利亚努埃瓦

50. Bank of London, Buenos Aires, Argentina, arch. Clorindo Testa and Estudio Sánchez Elia, Peralta Ramos and Agostini Studio

51. United Nations Building for Latin America (CEPAL), Santiago, Chile, arch. Emilio Duhart

52. School of Architecture and Urbanism, University of São Paulo, São Paulo Brazil, arch. Joao Vilanova Artigas and Carlos Cascaldi

53. Institute "José Antonio Echeverría", at the University of Havana, Habana, Cuba, arch. Fernando Salinas

54. Folke Egestrom House and San Cristóbal's Stables, Los Clubes, México, arch. Luis Barragán

55. Camino Real Hotel, México, México City, México, arch. Ricardo Legorreta

56. "El Parque" Residence, Bogotá, Colombia, arch. Rogelio Salmona

57. Guedes House, São Paulo, Brazil, arch Joaquím Guedes

58. Conurban, Buenos Aires, Argentina, arch. Ernesto Katzenstein and Estudio Kocourek

59. Tambaú Hotel, Joao Pessoa, Brazil, arch. Sergio Bernardes

60. Association of Architects, México, México City, México, arch. Teodoro González de León and Abraham Zabludovsky

61. Architectural Workshop, México City, México, arch. Agustín Hernández

62. Channel 7, Buenos Aires, Buenos Aires, Argentina, arch. Manteola, Sánchez Gómez, Santos, Solsona & Viñoly Studio

63. Mar del Plata Football Stadium, Mar de Plata, Argentina, arch. Antonio Antonini, Gerardo Schon, Eduardo Zemborain, Juan Carlos Fervanza and Mike Hall

64. Julio Herrera y Obes Warehouse, Montevideo, Uruguay, arch. Eladio Dieste

50. 国家抵押银行，布宜诺斯艾利斯，阿根廷，建筑师：C. 特斯塔及 SEPRA 事务所

51. 拉美经济委员会大楼，圣地亚哥，智利，建筑师：E. 杜哈特

52. 圣保罗大学建筑与城市规划学院，圣保罗，巴西，建筑师：J.V. 阿蒂加斯，C. 卡斯卡尔迪

53. 哈瓦那大学埃切维利亚理工学院，哈瓦那，古巴，建筑师：F. 萨利纳斯

54. 埃赫斯特罗姆私宅及圣克里斯托瓦尔马厩，洛斯克鲁贝斯，墨西哥，建筑师：L. 巴拉甘

55. 皇家大道饭店，墨西哥城，墨西哥，建筑师：R. 莱戈雷塔

56. 公园住宅，波哥大，哥伦比亚，建筑师：R. 萨尔莫纳

57. 格德斯住宅，圣保罗，巴西，建筑师：J. 格德斯

58. 科努班大楼，布宜诺斯艾利斯，阿根廷，建筑师：E. 卡森斯泰茵，E. 科科雷克事务所

59. 坦巴乌饭店，若昂佩索阿，巴西，建筑师：S. 贝尔纳德斯

60. 墨西哥学院，墨西哥城，墨西哥，建筑师：T.G. 德·莱昂，A. 萨布鲁多夫斯基

61. 建筑师工作室，墨西哥城，墨西哥，建筑师：A. 埃尔南德斯

62. 阿根廷国家电视台，布宜诺斯艾利斯，阿根廷，建筑师：F. 曼特奥拉，J.S. 戈麦斯，J. 桑托斯，J. 索尔索纳和 C. 萨拉伯瑞建筑师事务所

63. 马德普拉塔足球场，马德普拉塔，阿根廷，建筑师：A. 安托尼尼，G. 舒恩，E. 森伯拉恩，J.C. 费尔文萨，M. 霍尔

64. 胡利奥·埃雷拉与奥贝斯仓库，蒙得维的亚，乌拉圭，建筑师：E. 迭斯特

65. The Ajax Hispania Building, Lima, Perú, arch. Emilio Soyer Nash

66. COFIEC Building, Ecuador, Quito, Ecuador, arch. Ovidio Wappenstein and Ramiro Jácome

67. Fuerte de Manzanillo House, Cartagena, Colombia, arch. Rogelio Salmona

68. Rufino Tamayo Museum, México City, México, arch. Teodoro González de León and Abraham Zabludovsky

69. Peruvian Air Force Officers' School, Lima, Peru, arch. Juvenal Baracco

70. Culture Square, San José, Costa Rica, arch. Edgard Vargas, Jorge Bordón and Jorge Bertheau

71. College of Architects and Engineers, San José, Costa Rica, arch. Hernán Jiménez

72. San Vicente Cultural Center, Córdoba, Argentina, arch. Miguel Angel Roca

73. Pompeia Recreational Center, São Paulo, Brazil, arch. Lina Bo Bardi

74. Citicorp Center Office Tower, São Paulo, Brazil, arch. Roberto Aflalo and Giancarlo Gasperini

75. Metropolitan Theatre, Medellín, Colombia, arch. Oscar Mesa

76. "La Mota" Residential Complex, Medellín, Colombia, arch. Laureano Forero

77. Balbina Environmental Protection Center, Balbina, Brazil, arch. Severiano Mario Porto

78. Credit Bank, Lima, Lima, Perú, arch. Bernardo Fort-Brescia (Architectural Studio)

79. Office Building in Belo Horizonte, Belo Horizonte, Brazil, arch. Eolo Maia and Maria Josefina de Vasconcellos

80. Women's School of the Bradesco Foundation, Osasco, Brazil, arch. Luis Paulo Conde

81. Students Housing at the University of Campinas, Campinas, Brazil, arch. Joan Villá

82. Housing Project Colsubsidio, Bogotá, Colombia, arch. Germán Samper and Ximena

65. 阿哈克斯西班牙复式家庭公寓楼，利马，秘鲁，建筑师：E.S. 纳什

66. 厄瓜多尔金融公司办公大楼，基多，厄瓜多尔，建筑师：O. 瓦彭斯坦，R. 哈科梅

67. 曼萨尼略城堡住宅（贵宾楼），卡塔赫纳，哥伦比亚，建筑师：R. 萨尔莫纳

68. 鲁菲诺·塔马约博物馆，墨西哥城，墨西哥，建筑师：T.G. 德·莱昂，A. 萨布鲁多夫斯基

69. 秘鲁空军学院，利马，秘鲁，建筑师：J. 巴拉科

70. 文化广场，圣何塞，哥斯达黎加，建筑师：E. 巴尔加斯，J. 博尔东，J. 贝尔特奥

71. 联邦建筑工程学院，圣何塞，哥斯达黎加，建筑师：H. 希梅内斯

72. 圣文森特市场文化中心，科尔多瓦，阿根廷，建筑师：M.A. 罗加

73. 庞培娱乐中心，圣保罗，巴西，建筑师：L.B. 巴尔迪

74. 花旗银行中央办公大楼，圣保罗，巴西，建筑师：R. 阿弗拉洛，G. 加斯佩里尼

75. 大都会剧院，麦德林，哥伦比亚，建筑师：O. 梅萨

76. 拉莫塔住宅区，麦德林，哥伦比亚，建筑师：L. 弗雷罗

77. 巴尔毕那环境保护中心，巴尔毕那，巴西，建筑师：S.M. 波尔托

78. 利马信贷银行，利马，秘鲁，建筑师：B. 福特－布雷夏（建筑设计工作室）

79. 中央办公大楼，贝洛奥里藏特，巴西，建筑师：E. 马亚，M.J. 德·巴斯孔塞略斯

80. 布拉德斯科基金女子学校，奥萨斯库，巴西，建筑师：L.P. 孔德

81. 坎皮纳斯大学学生宿舍楼，坎皮纳斯，巴西，建筑师：J. 维亚

82. 考苏布西地奥住宅，波哥大，哥伦比亚，建筑师：G. 桑佩尔，X. 桑佩尔

Samper

83. Argentina's National Library, Buenos Aires, Argentina, arch. Clorindo Testa, Francisco Bullrich and Alicia Cazzaniga
84. Xochimilco Ecological Park, México City, México, arch. Mario Schjetnan
85. Vida Building Insurance, Santiago, Chile, arch. Enrique Browne and Borja Huidobro
86. Palace of Justice II, Córdoba, Argentina, arch. Gramática-Guerrero-Morini-Pisani-Urtubey
87. Natatorium Complex, Mar de Plata, Argentina, arch. Flora Manteola, Javier Sánchez Gómez, Josefina Santos, Justo Solsona and Carlos Sallaberry
88. Bayer Laboratories, Munro, Argentina, arch. Aslan, Ezcurra & Associates
89. Library of the University of Nueva León, Monterrey, Monterrey Mexico, arch. Ricardo Legorreta
90. Televisa Building, México City, México, arch. Enrique Norten
91. Tres Cruces Bus Terminal, Montevideo, Uruguay, arch. Guillermo Gómez Platero, E. Cohe, R. Alberti
92. Brazilian Museum of Sculpture, São Paulo, Brazil, arch. Paulo Mendes da Rocha
93. Cóndor House, Santiago, Chile, arch. Christian de Groote and Camila del Fierro
94. Dole Fresh Fruit Co., San José, Costa Rica, arch. Bruno Stagno and Associates
95. Pan-Americana Tower, Buenos Aires, Argentina, arch. Raúl Lier and Alberto Tonconogy
96. New Santa Fe Community Center, Bogotá, Colombia, arch. Rogelio Salmona
97. Punta del Este International Airport, Punta del Este, Uruguay, arch. Carlos A. Ott
98. Coastline Train Terminal, Buenos Aires,

83. 国家图书馆，布宜诺斯艾利斯，阿根廷，建筑师：C. 特斯塔，F. 布尔里奇，A. 卡萨尼加
84. 索齐米尔科生态公园，墨西哥城，墨西哥，建筑师：M. 许耶特南与城市设计组
85. 维达保险公司大厦，圣地亚哥，智利，建筑师：E. 布朗恩，B. 惠多布罗
86. 第二司法大楼，科尔多瓦，阿根廷，建筑师：S.R. 格拉马蒂卡，J.C. 格雷罗，J. 莫里尼，J.G. 皮萨尼，E. 乌尔图比
87. 马德普拉塔游泳馆，马德普拉塔，阿根廷，建筑师：F. 曼特奥拉、J.S. 戈麦斯、J. 桑托斯、J. 索尔索纳和 C. 萨拉伯瑞建筑师事务所
88. 巴耶尔实验大楼，蒙罗，阿根廷，建筑师：阿斯兰和埃斯库拉建筑师事务所
89. 新莱昂州自治大学中心图书馆，蒙特雷，墨西哥，建筑师：R. 莱戈雷塔
90. 电视服务大楼，墨西哥城，墨西哥，建筑师：E. 诺滕
91. “特雷斯克鲁塞斯”公共汽车站，蒙得维的亚，乌拉圭，建筑师：G.G. 普拉特罗，E. 科埃，R. 阿尔贝蒂
92. 巴西雕塑博物馆，圣保罗，巴西，建筑师：P.M. 达·罗恰
93. 神鹰之家，圣地亚哥，智利，建筑师：C. 德·格鲁特，C. 德尔·菲耶罗
94. 都乐果品公司总部大楼，圣何塞，哥斯达黎加，建筑师：B. 斯塔哥诺建筑师事务所
95. 泛美广场办公塔楼，布宜诺斯艾利斯，阿根廷，建筑师：R. 列尔，A. 通科诺基
96. 新圣达菲信息中心，波哥大，哥伦比亚，建筑师：R. 萨尔莫纳
97. 东角国际机场，东角，乌拉圭，建筑师：C.A. 奥特
98. 河岸火车站，布宜诺斯艾利斯，阿根廷，

Argentina，arch. Pfeifer-Zurdo

99. Puerto Madero Urban Renewal（Stage 1），Buenos Aires，Argentina

100. Ministry of Foreign Relations，Buenos Aires，Argentina，arch. Natán Aizenstat and Carlos Rajlin Associates with C. Dodero and M. Levinton

建筑师：J.E. 费费尔，O. 苏尔多

99. 马德罗码头区更新工程，布宜诺斯艾利斯，阿根廷，建筑师：多人

100. 外交部新办公楼，布宜诺斯艾利斯，阿根廷，建筑师：N. 艾森斯塔特，C. 拉赫林，C. 多德罗，M. 莱文通

# 后记

张钦楠

本丛书是中国建筑学会为配合1999年在中国北京举行第20次世界建筑师大会而编辑，聘请美国哥伦比亚大学建筑系教授K. 弗兰姆普敦为总主编，中国建筑学会副理事长张钦楠为副总主编，按全球“十区五期千项”的原则聘请12位国际知名建筑专家为各卷编辑以及80余名各国建筑师为各卷评论员，通过投票程序选出20世纪全球有代表性的建筑1000项，以图文结合的方式分别介绍。每卷由本卷编辑撰写综合评论，评述本地区建筑在20世纪的演变与成就，并由评论员分工对所选项目各作几百字的单项文字评述，与精选图照配合。中国方面聘请关肇邺、郑时龄、刘开济、罗小未、张祖刚、吴耀东等为编委配合编成。

中国建筑工业出版社于1999年对此项目在人力、财力、物力方面积极投入，以王伯扬、张惠珍、董苏华、黄居正等编辑负责，与奥地利斯普林格出版社紧密合作，共同出版了中文、英文的十卷本精装版。丛书首版面世后，曾获得国际建筑师协会（UIA）屈米建筑理论和教育荣誉奖、国际建筑评论家协会（CICA）荣誉奖以及我国全国科技一等奖和中国出版政府奖提名奖。

国际建筑评论家协会（CICA）对本丛书的评论是：“这部十卷本的作品是对全世界当代建筑的范围广阔的研究，把大量的实例收集在一起。由中国建筑学会发起，很多人提供了评论文字。它提供了一项可持久的记录，并以其多样性、质量、全面性受到嘉奖。这确实是一项给人印象深刻的成就。”

按照原协议及计划，这套丛书在精装本出版后，将继续出版普及的平装本，但由于各种客观原因，未能实现。

众所周知，20世纪世界建筑发生了由传统转为现代的巨大改变，其历史意义远超过了一个世纪的历史记录，生活·读书·新知三联书店有鉴于本丛书的持久文化价值，决定出版中文普及版。此次中文普及版，是在尊重原版的基础上，做了适当的加工与修订，但原“十区”名称中有个别与现今名称不同，保留原貌，以呈现历史真实。此次全面修订出版时，原书名《20世纪世界建筑精品集锦》改为《20世纪世界建筑精品1000件》。希以更好的面目供我国建筑师、建筑学界的师生、广大文化界人士来阅读、保存与参考。

2019年8月29日

**图书在版编目（CIP）数据**

20 世纪世界建筑精品 1000 件 . 第 2 卷，拉丁美洲 / （美）K. 弗兰姆普敦总主编；（阿）J. 格鲁斯堡本卷主编；卜珊，乔岚译. —北京：生活 · 读书 · 新知三联书店，2020.9
ISBN 978 – 7 – 108 – 06776 – 0

Ⅰ. ① 2… Ⅱ. ① K… ② J… ③卜… ④乔… Ⅲ. ①建筑设计 – 作品集 – 世界 – 现代 Ⅳ. ① TU206

中国版本图书馆 CIP 数据核字（2020）第 139193 号

责任编辑　唐明星
装帧设计　刘　洋
责任校对　曹忠苓
责任印制　宋　家
出版发行　生活 · 讀書 · 新知　三联书店
　　　　　（北京市东城区美术馆东街 22 号 100010）
网　　址　www.sdxjpc.com
经　　销　新华书店
印　　刷　北京图文天地制版印刷有限公司
版　　次　2020 年 9 月北京第 1 版
　　　　　2020 年 9 月北京第 1 次印刷
开　　本　720 毫米 × 1000 毫米　1/16　印张 20.25
字　　数　100 千字　图 343 幅
印　　数　0,001 – 3,000 册
定　　价　168.00 元
（印装查询：01064002715；邮购查询：01084010542）